# 固体氧化物燃料电池钴基双钙钛矿阴极材料

姚传刚　张海霞　著

本书数字资源

北　京
冶金工业出版社
2024

## 内 容 提 要

本书共分为8章，第1~3章主要介绍了燃料电池的基础知识，固体氧化物燃料电池的工作原理、发展现状和材料组成，阴极材料的制备、表征及分析方法；第4~8章以5种钴基双钙钛矿型阴极材料为例，详细阐述了材料的制备过程、结构表征、性能分析以及相关机理等。

本书可供从事固体氧化物燃料电池相关研究的科研人员和工程技术人员阅读，也可供高等院校相关专业的师生参考。

**图书在版编目(CIP)数据**

固体氧化物燃料电池钴基双钙钛矿阴极材料/姚传刚，张海霞著.—北京：冶金工业出版社，2024.5

ISBN 978-7-5024-9849-8

Ⅰ.①固… Ⅱ.①姚… ②张… Ⅲ.①钙钛矿型结构—固体燃料—低温燃料电池—光电阴极材料—研究 Ⅳ.①TM911.46

中国国家版本馆 CIP 数据核字(2024)第 085528 号

**固体氧化物燃料电池钴基双钙钛矿阴极材料**

| 出版发行 | 冶金工业出版社 | 电　　话 | (010)64027926 |
|---|---|---|---|
| 地　　址 | 北京市东城区嵩祝院北巷39号 | 邮　　编 | 100009 |
| 网　　址 | www.mip1953.com | 电子信箱 | service@mip1953.com |

责任编辑　于昕蕾　卢 蕊　美术编辑　彭子赫　版式设计　郑小利
责任校对　石　静　责任印制　禹 蕊

三河市双峰印刷装订有限公司印刷
2024年5月第1版，2024年5月第1次印刷
710mm×1000mm　1/16；10印张；193千字；149页
定价78.00元

投稿电话　(010)64027932　投稿信箱　tougao@cnmip.com.cn
营销中心电话　(010)64044283
冶金工业出版社天猫旗舰店　yjgycbs.tmall.com

(本书如有印装质量问题，本社营销中心负责退换)

# 前　言

能源作为现代社会发展的基石,对经济、社会和环境都具有深远影响。随着全球人口数量的不断增长和经济的快速发展,能源需求量不断攀升,促使各国竞相寻找可持续性和环保性的能源解决方案。同时,气候变化、环境污染等问题日益凸显,研究和开发高效、清洁的能源技术变得越发迫切。

在能源转型的道路上,清洁能源技术的发展成为各国政府和科研机构的共同关注点。新兴的能源技术被寄予厚望,而其中以固体氧化物燃料电池(SOFC)为代表的高效能源转换技术备受瞩目。SOFC以其能量转换效率高、绿色低污染、燃料多样化等特点,被认为是未来清洁能源领域的重要组成部分。对SOFC进行深入研究不仅有助于提高能源利用效率,还能为全球能源结构的调整提供可行路径,为电力、交通等工业领域提供清洁、高效的能源解决方案。

SOFC的核心在于其结构和关键组成材料。在SOFC中,阴极扮演着至关重要的角色。阴极是氧化还原反应发生的电极,直接影响着SOFC的性能。因此,本书聚焦于阴极材料的研究,着眼于提高其催化活性和稳定性,以进一步提升整个SOFC系统的性能。在众多的阴极材料中,钴基双钙钛矿型氧化物因其优越的氧化还原催化活性而成为SOFC阴极材料的热门候选材料之一,备受研究者的青睐,也是本书的研究重点。

本书共分为8章:第1章讲述了燃料电池的基础知识,包括燃料电池概述、燃料电池的工作原理以及燃料电池的类型。第2章深入探讨了固体氧化物燃料电池的工作原理、优点和发展现状,同时详细介绍了SOFC的各种组成材料,包括阳极材料、电解质材料和阴极材料,特别强调了阴极材料对 SOFC 性能的影响，并介绍了不同类型的阴极材料。第 3 章讲述了材料制备所用原料、制备方法以及多种表征与分析方法。第 4~8 章聚焦于 5 种具体的钴基双钙钛矿型阴极材料，包括 $NdBa_{0.5}Ca_xSr_{0.5-x}Co_2O_{5+\delta}$、$PrBa_{0.5-x}Sr_{0.5}Co_2O_{5+\delta}$、$NdBa_{0.5}Sr_{0.5}Co_{2-x}Cu_xO_{5+\delta}$、$PrBa_{1-x}Ca_xCoCuO_{5+\delta}$ 和 $NdBa_{0.5}Sr_{0.5}Co_2O_{5+\delta}\text{-}xGd_{0.1}Ce_{0.9}O_{2-\delta}$，每章内容都涵盖了材料制备过程、结构表征、性能分析以及相关机理的深入研究，涉及多种钴基双钙钛矿型阴极材料性能优化的方法，包括 A 位掺杂、B 位掺杂、引入阳离子空位和异质界面构筑等，为深入理解钴基双钙钛矿阴极材料的结构与性能提供了有力支持。

期望本书通过对这些研究的全面总结能够为 SOFC 阴极材料的设计、制备和性能优化提供有益的指导，为清洁能源技术的发展和应用提供理论支持和实践经验，推动固体氧化物燃料电池技术不断创新和发展，共同构建更加可持续的能源未来。希望读者能够通过本书深入了解阴极材料在 SOFC 中的关键作用，致力于为未来清洁能源领域的发展贡献智慧和力量。

本书在编写过程中参考了有关文献，这些知识为本书提供了坚实的理论基础和实践支持，在此对文献作者表示衷心的感谢。

由于作者水平所限，书中不足之处，敬请广大读者批评指正。

作　者

2023 年 10 月

# 目 录

1 燃料电池简介 …………………………………………………………… 1
  1.1 燃料电池概述 ……………………………………………………… 2
  1.2 燃料电池的工作原理 ……………………………………………… 2
  1.3 燃料电池的类型 …………………………………………………… 4
    1.3.1 碱性燃料电池 ………………………………………………… 4
    1.3.2 熔融碳酸盐燃料电池 ………………………………………… 5
    1.3.3 磷酸燃料电池 ………………………………………………… 5
    1.3.4 固体氧化物燃料电池 ………………………………………… 6
    1.3.5 质子交换膜燃料电池 ………………………………………… 6
  参考文献 ………………………………………………………………… 7

2 固体氧化物燃料电池 …………………………………………………… 9
  2.1 SOFC 的工作原理 ………………………………………………… 9
  2.2 SOFC 的优点 ……………………………………………………… 10
  2.3 SOFC 的发展现状 ………………………………………………… 11
  2.4 SOFC 组成材料 …………………………………………………… 12
    2.4.1 SOFC 阳极材料 ……………………………………………… 12
    2.4.2 SOFC 电解质材料 …………………………………………… 14
    2.4.3 SOFC 阴极材料 ……………………………………………… 18
  参考文献 ………………………………………………………………… 23

3 材料制备、表征及分析方法 …………………………………………… 30
  3.1 材料制备所用原料 ………………………………………………… 30
  3.2 材料制备方法 ……………………………………………………… 31
  3.3 材料表征及分析方法 ……………………………………………… 32
    3.3.1 晶体结构表征与分析 ………………………………………… 32
    3.3.2 微观形貌表征与分析 ………………………………………… 33
    3.3.3 元素组成和化学态表征与分析 ……………………………… 34
    3.3.4 热膨胀系数表征与分析 ……………………………………… 34

3.3.5 电导率表征与分析 …………………………………………………… 35
3.3.6 电化学表征与分析 …………………………………………………… 35
参考文献 ……………………………………………………………………………… 36

# 4 NdBa$_{0.5}$Ca$_x$Sr$_{0.5-x}$Co$_2$O$_{5+\delta}$($x=0, 0.25$)阴极材料的制备与性能研究 ……… 38

4.1 引言 ………………………………………………………………………… 38
4.2 样品的制备 ………………………………………………………………… 39
    4.2.1 NdBa$_{0.5}$Ca$_x$Sr$_{0.5-x}$Co$_2$O$_{5+\delta}$($x=0, 0.25$)样品的制备 ……………… 39
    4.2.2 NdBa$_{0.5}$Ca$_x$Sr$_{0.5-x}$Co$_2$O$_{5+\delta}$($x=0, 0.25$)致密样品的制备 …………… 39
    4.2.3 Ce$_{0.8}$Sm$_{0.2}$O$_{2-\delta}$(SDC)电解质的制备 ……………………………… 39
    4.2.4 对称电池的制备 ……………………………………………………… 40
    4.2.5 全电池的制备 ………………………………………………………… 40
4.3 X射线衍射分析 …………………………………………………………… 41
4.4 化学兼容性分析 …………………………………………………………… 43
4.5 X射线光电子能谱分析 …………………………………………………… 44
4.6 热重分析 …………………………………………………………………… 47
4.7 热膨胀分析 ………………………………………………………………… 47
4.8 电导率分析 ………………………………………………………………… 48
4.9 电化学阻抗分析 …………………………………………………………… 49
4.10 扫描电子显微镜分析 …………………………………………………… 51
4.11 全电池性能分析 ………………………………………………………… 51
4.12 本章小结 ………………………………………………………………… 53
参考文献 ……………………………………………………………………………… 53

# 5 PrBa$_{0.5-x}$Sr$_{0.5}$Co$_2$O$_{5+\delta}$($x=0, 0.04, 0.08$)阳离子缺位型阴极材料的制备与性能研究 ……………………………………………………………………… 57

5.1 引言 ………………………………………………………………………… 57
5.2 样品的制备 ………………………………………………………………… 58
    5.2.1 PB$_{0.5-x}$SCO样品的制备 ……………………………………………… 58
    5.2.2 PB$_{0.5-x}$SCO致密样品的制备 ………………………………………… 58
    5.2.3 La$_{0.8}$Sr$_{0.2}$Ga$_{0.8}$Mg$_{0.1}$O$_3$电解质的制备 ……………………………… 58
5.3 X射线衍射分析 …………………………………………………………… 59
5.4 化学兼容性分析 …………………………………………………………… 61
5.5 X射线光电子能谱分析 …………………………………………………… 61
5.6 热膨胀分析 ………………………………………………………………… 64
5.7 电导率分析 ………………………………………………………………… 65

5.8 电化学阻抗分析 ··································································· 66
5.9 微观结构分析 ····································································· 69
5.10 本章小结 ········································································· 69
参考文献 ················································································· 70

# 6 NdBa$_{0.5}$Sr$_{0.5}$Co$_{2-x}$Cu$_x$O$_{5+\delta}$($x=0\sim0.2$) 阴极材料的制备与性能研究 ··········· 74

6.1 引言 ················································································· 74
6.2 样品的制备 ······································································· 75
 6.2.1 NBSCC$x$ 样品的制备 ···················································· 75
 6.2.2 NBSCC$x$ 致密样品的制备 ············································· 75
 6.2.3 Ce$_{0.8}$Gd$_{0.2}$O$_{2-\delta}$(GDC)电解质的制备 ······························· 75
 6.2.4 对称电池的制备 ···························································· 76
6.3 X 射线衍射分析 ································································· 76
6.4 化学兼容性分析 ································································· 79
6.5 透射电子显微镜分析 ·························································· 79
6.6 X 射线吸收近边结构谱分析 ················································· 80
6.7 X 射线光电子能谱分析 ······················································· 81
6.8 热重分析 ·········································································· 84
6.9 热膨胀分析 ······································································· 85
6.10 电导率分析 ····································································· 86
6.11 电化学阻抗分析 ······························································· 87
6.12 弛豫时间分布分析 ···························································· 89
6.13 氧的依赖性分析 ······························································· 92
6.14 氧空位形成能的第一性原理计算 ········································· 95
6.15 全电池性能分析 ······························································· 96
6.16 平均金属—氧键能分析 ······················································ 98
6.17 CO$_2$ 耐受性分析 ····························································· 99
6.18 稳定性分析 ····································································· 102
6.19 本章小结 ········································································ 103
参考文献 ················································································ 104

# 7 PrBa$_{1-x}$Ca$_x$CoCuO$_{5+\delta}$($x=0\sim0.2$) 阴极材料的制备与性能研究 ············ 109

7.1 引言 ················································································ 109
7.2 PBCCC$x$ 样品的制备 ························································· 110
7.3 X 射线衍射分析 ································································ 110

7.4 化学兼容性分析 112
7.5 X射线光电子能谱分析 113
7.6 热膨胀分析 114
7.7 电导率分析 116
7.8 电化学阻抗分析 117
7.9 微观结构分析 118
7.10 本章小结 119
参考文献 119

# 8 $NdBa_{0.5}Sr_{0.5}Co_2O_{5+\delta}$-$xGd_{0.1}Ce_{0.9}O_{2-\delta}$($x=0\sim30\%$) 复合阴极材料的制备与性能研究 123

8.1 引言 123
8.2 NBSC-$x$GDC 复合阴极材料的合成 124
8.3 X射线衍射分析 125
8.4 透射电子显微镜分析 127
8.5 比表面积分析 129
8.6 热膨胀分析 130
8.7 电导率分析 131
8.8 电化学阻抗分析 132
8.9 氧的依赖性分析 136
8.10 $CO_2$ 耐受性分析 140
8.11 全电池性能 142
8.12 本章小结 145
参考文献 145

# 1    燃料电池简介

能源是现代社会发展的基石，回顾人类文明的演进历程，从传统的蒸汽机发展到汽轮机、内燃机、燃气轮机，每一次能源技术的演变都在很大程度上推动了人类文明的进步。进入21世纪以来，全球工业技术蓬勃发展，能源需求量也因此而不断攀升。当前以及可预见的未来，传统的化石燃料如煤、石油和天然气，仍将长期占据全球主要的能源消耗地位。

近几十年来，传统能源的供应持续稳定，其开采、运输和利用技术相对成熟，相对低廉的成本也使其成为经济发展的重要基础，带来了全球经济的增长和社会繁荣。然而大规模利用传统能源的做法也引发了一系列严重的问题：首先，传统能源的储量十分有限，随着全球能源需求的持续增长，传统能源被不断开采，这些能源储量的消耗速度加快，从而带来了能源短缺的危机。其次，传统能源的利用会产生大量的废气和污染物，包括二氧化碳（$CO_2$）、二氧化硫（$SO_2$）、氮氧化物（$NO_x$）和悬浮颗粒物等，这些污染物会导致空气污染，对人类健康造成严重危害。另外，传统能源的开采往往伴随着大规模土地开垦和采矿活动，导致自然生态环境的破坏和生物多样性的丧失[1]。

传统能源的利用虽然为人类社会提供了必要的能源支持，但同时也带来了严重的环境和健康等问题。为了应对传统化石能源利用带来的一系列问题，实现可持续发展，需要采取措施以减少对传统能源的依赖，开发利用清洁、可再生能源。目前，世界各国积极开发可再生能源，太阳能、风能、水能等可再生能源被视为未来能源发展的重要方向。这些清洁能源具有可持续性和环保优势，使人们减少了对有限化石能源的依赖，从而降低了能源短缺和能源供应不稳定性带来的风险。同时，全球的科研人员也在积极开展新型、清洁、高效的能源利用方式及转换技术的研究。通过科技创新，人们不断探索新的能源转换技术，以提高能源利用效率和减少污染物排放[2]。

新型能源及能源转换技术的研发和应用不仅可以更有效地转化能源，提高能源的利用效率，还能大幅减少传统能源利用带来的环境污染。其中，燃料电池作为一种环保、高效、可持续的能源转换技术，备受全球关注，被公认为当前颇具前景的能源技术之一。燃料电池的开发利用对于解决当前形势严峻的能源和环境危机具有非常重要的战略意义。

## 1.1  燃料电池概述

燃料电池是一种将燃料中化学能直接转化为电能的装置。1839 年，英国科学家威廉·罗伯特·格鲁夫（William Robert Grove）在用铂电极电解稀硫酸的实验中，意外发现当向两端的铂电极分别通入氢气和氧气时，两个电极之间产生了约 1 V 的电势差，这是历史上最早的燃料电池，因此格鲁夫也被后人称为"燃料电池之父"[3]。然而，在格鲁夫时代，燃料电池还处于实验阶段，技术并不成熟，面临着诸多挑战。随着科技的进步和社会需求的不断演变，燃料电池技术在 20 世纪后期开始取得重要突破。特别是美国宇航局（NASA）在 20 世纪 60 年代的航天项目中首次将燃料电池用于太空飞行器的电力供应，完成了人类登上月球的壮举，标志着燃料电池技术进入实际应用阶段，而后逐渐走向商业化和工业化。20 世纪 80 年代，燃料电池开始应用于许多领域，如备用电源、卫星通信、地铁列车和船舶等。固体氧化物燃料电池（SOFC）和磷酸燃料电池（PAFC）的研究取得了突破。20 世纪 90 年代，燃料电池技术进一步成熟和商业化。许多国家和地区开始加大对燃料电池技术的研发和推广支持。世界各地的公司和机构开始投入资金和人力资源，研发不同类型的燃料电池产品和应用方案[4]。

随着全球对清洁能源和可持续发展的追求，进入 21 世纪后，燃料电池技术迎来了新的发展机遇。不断创新的材料科学、电化学和工程技术，使得燃料电池的效率和稳定性大幅提升。同时，政府和企业的积极支持和投入，促进了燃料电池技术的推广和应用，推动了燃料电池产业的快速发展。

如今，燃料电池已经在交通运输、电力供应、工业生产、航空航天、便携式设备等多个领域得到广泛应用。特别是质子交换膜燃料电池（PEMFC）技术在汽车领域取得显著进展，燃料电池汽车成为全球汽车产业的重要发展方向。同时，固体氧化物燃料电池（SOFC）技术在工业和电力供应中将发挥重要作用。

虽然燃料电池技术在过去几十年取得了令人瞩目的进展，但仍面临一些挑战，如成本高、氢气供应不稳定等问题，需要持续不断地创新。随着技术的成熟和商业化规模的扩大，燃料电池将在未来成为能源领域的重要组成部分，为全球能源转型和环境保护做出更大的贡献。燃料电池技术具备广阔的发展前景，期待它能为人类社会进步创造更多价值。

## 1.2  燃料电池的工作原理

燃料电池（fuel cell）可将化学能直接转化为电能，属于继水力、电力和核能发电之后的第四代新型发电技术[5]。燃料电池与传统电池的概念有所不同，它并不是能量的存储装置,而是一种能量转换装置。它的工作原理是通过电化学反应将燃料和氧化剂中的化学能直接转化为电能。只要燃料和氧化剂持续供应,燃料电池就能连续地对外提供电能[6]。

与传统的内燃机等能量转换装置相比,燃料电池具有独特的优势。首先,燃料电池的工作方式避免了中间转换过程,因此能够减少能量损失,能量转换效率较高。传统内燃机等能量转换装置通常涉及多个步骤,如燃料燃烧、热能转换、机械能输出等,每一步都伴随着能量损失;而燃料电池直接将化学能转换为电能,减少了能量转换的复杂性,提高了能量转换效率。其次,燃料电池的持续供能使其具备长时间运行的能力。由于不需要频繁充电或加油,燃料电池在适当的燃料和氧化剂供应下,可以持续提供电能,使其在一些需要长时间供电的应用领域具有显著优势。此外,燃料电池的工作原理决定了它的环保性。在反应过程中,燃料电池的主要产物是水,相对于传统能源的燃烧过程产生的废气和温室气体,燃料电池更加环保和清洁[7]。

燃料电池是一种高效的能量转换装置,其工作原理如图1-1所示。在燃料电池中,阳极通入燃料气体,而阴极通入氧化剂气体。具体来说,燃料气体在阳极发生氧化反应,释放出电子。这些电子通过外部电路传导到阴极,然后与阴极通入的氧化剂气体结合,生成离子。这些离子通过电解质迁移到阳极一侧,与燃料气体反应,从而形成一个完整的电流回路。为了提高反应效率,阳极和阴极通常采用多孔结构,这样可以方便反应气体的进入以及产物的排出。而电解质通常采用致密结构,它既能传递离子,又能有效地分隔燃料气体和氧化剂气体。燃料电池在工作时,燃料气体和氧化剂气体由外部供给。因此,只要持续输入燃料气体和氧化剂气体,并及时排除反应产物,燃料电池就能够持续地产生电能[8]。这使

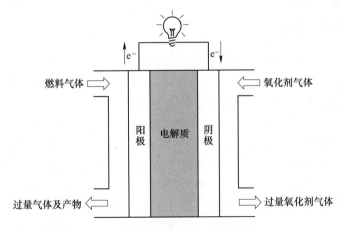

图1-1 燃料电池的工作原理图

得燃料电池成为一种理想的持续发电技术。总的来说,燃料电池利用电化学反应将燃料转化为电能,实现了高效、清洁的能量转换过程。它在能源领域具有广阔的应用前景,可望在未来为人类提供更可持续的能源解决方案。

## 1.3 燃料电池的类型

燃料电池按照其工作温度可以分为3种类型:

(1) 高温燃料电池(high-temperature fuel cell)。通常在400~1000 ℃的高温条件下运行。由于高温下的操作,这些电池具有更高的效率,且对燃料的选择范围更广,可以直接使用煤炭等碳质燃料。然而由于高温要求,电池的启动时间较长,以及材料稳定性和成本等问题,这些电池主要用于工业和大型电力系统[9]。

(2) 中温燃料电池(intermediate-temperature fuel cell)。工作温度一般在100~400 ℃。中温燃料电池相对于高温燃料电池具有更快的启动时间和较好的材料稳定性,同时仍具备较高的效率和较广的燃料适应性,因此在某些小型电力系统和分布式能源领域有潜在应用[10]。

(3) 低温燃料电池(low-temperature fuel cell)。一般在100 ℃以下的低温条件下运行。这类燃料电池具有启动时间快、高功率密度和较好的响应性能等优点,适于移动应用,如汽车和便携式设备[11]。

实际上,燃料电池领域内更常见的是按照燃料电池使用的电解质类型来进行分类,主要包括碱性燃料电池、熔融碳酸盐燃料电池、磷酸燃料电池、固体氧化物燃料电池和质子交换膜燃料电池。

### 1.3.1 碱性燃料电池

碱性燃料电池(alkaline fuel cell,简称AFC)通常以氢氧化钾(KOH)溶液作为电解质,通过电化学反应将燃料气体(通常是氢气)和氧气转化为电能和水。然而,碱性燃料电池对$CO_2$等杂质非常敏感。由于电解质溶液的化学特性,即使微量的$CO_2$也会对电池的稳定性和效率产生显著影响。为了确保良好的性能,碱性燃料电池需要使用纯态的氢气和氧气。由于对氢气和氧气的高纯度要求,碱性燃料电池通常被应用在对燃料气体和氧化剂气体的质量要求较高、能够提供高纯度燃料的场景中,包括一些特殊的航天项目和国际工程等[12]。

碱性燃料电池的反应速率较快,具有较高的能量转换效率,碱性电解质的稳定性较好,有助于提高电池的长期稳定性和寿命。另外,碱性电解质相对廉价,从储存和使用成本角度来看,碱性燃料电池具备一定优势。但由于碱性燃料电池对$CO_2$等杂质非常敏感,因此对燃料气体和氧化剂气体的纯度要求非常高,使其应用受到了很大限制。除此之外，碱性燃料电池在工作时需要催化剂来降低活化能，使反应在较低的温度下进行，并提高电池的效率。常用的贵金属催化剂包括铂（Pt）、钯（Pd）、铑（Rh）等。贵金属催化剂具有较好的耐腐蚀性和稳定性，可以在燃料电池的工作环境中长期稳定运行。但贵金属成本较高，因此在大规模商业应用中会增加燃料电池的运行成本[13]。

### 1.3.2 熔融碳酸盐燃料电池

熔融碳酸盐燃料电池（molten carbonate fuel cell，简称 MCFC）通常以碱金属（如锂、钾、钠）的碳酸盐混合物作为电解质，混合物在高温下可以熔融成液态碳酸盐，从而使离子得以在电池中传导，其工作温度通常在 650~850 ℃，属于高温型燃料电池。高温下的运行有助于提高电化学反应速率和离子传导性能，从而提高电池的效率[14]。熔融碳酸盐燃料电池可以直接使用多种燃料，如氢气、天然气、煤气等，甚至是煤炭等碳质燃料，因此具有较高的燃料适应性。与传统的燃烧发电技术相比，熔融碳酸盐燃料电池不需要机械运动，因此噪声水平较低，有助于减少环境噪声污染。发电过程中，产生的高温废热可以被有效利用，例如用于蒸汽发生器、供热或推动其他工业过程，提高能源的利用效率[15]。

在早期研究中，熔融碳酸盐燃料电池被认为有望成为大规模民用发电装置，因此引起了全世界的关注。科学家们对其进行了持续的研究和改进，试图提高其效率、稳定性和寿命，以推动其商业化应用。然而，尽管在电池材料、工艺和结构等方面都取得了一定的研究进展，但熔融碳酸盐燃料电池的制备成本较高，且在工作寿命方面仍存在一定的限制，这导致其商业化进展较为缓慢。在后续的几十年里，熔融碳酸盐燃料电池的研发主要集中在一些发达国家和地区，如美国、日本和西欧等。尽管目前熔融碳酸盐燃料电池已基本接近商品化，但高温环境对材料和组件的要求较高，同时稳定的碱金属碳酸盐电解质的制备和维护也面临技术上的挑战，这导致制造熔融碳酸盐燃料电池的成本相对较高，削弱了其在大规模商业应用中的竞争力[16]。

### 1.3.3 磷酸燃料电池

磷酸燃料电池（phosphorous acid fuel cell，简称 PAFC）以磷酸作为电解质，其工作温度为 150~220 ℃，属于中温燃料电池，不但具有发电效率高、无污染、燃料适应性强、无噪声、使用场所限制少、电解质稳定、磷酸可浓缩、水蒸气压强低、阳极催化剂不易被 CO 毒化等优点，而且还能以热水形式回收大部分热量。这种热水回收特性使得磷酸燃料电池成为一种高效能源转换技术，能够将废热转化为有用的热能，提高能源利用效率。在一些应用场景中，磷酸燃料电池可以作为联合发电系统的一部分，同时产生电能和热能，满足供电需求的同时为加热、制冷或热水供应提供可再生的能源。这种热电联供的特性使得磷酸燃料电池在工业、商业等领域具有重要的应用潜力[17]。

最初,磷酸燃料电池的研发旨在用于电力的调峰填谷,以平衡电力系统的供需波动,有效利用能源资源,提高电力系统的稳定性和效率。然而,随着对清洁、高效能源的需求不断增加,该类燃料电池的研发重点逐渐转向了集中式电力系统,这种集中式电力系统基于燃料电池的联合发电原理,不仅可以提供稳定可靠的电力供应,而且还能有效回收热量,将废热转化为热能供应。因此,磷酸燃料电池在供电的同时也能满足供暖、热水等多项能源需求,实现能源的综合利用。公寓、购物中心、医院、宾馆等大型建筑和设施对电力和热能的需求较大,而传统的电力供应方式常常面临能源浪费和环境污染的问题。磷酸燃料电池的集中式应用能够提供高效能源转换和低排放的能源解决方案,有助于实现能源的可持续利用和环境保护。同时,由于其较小的体积和灵活的布局,这种电力系统在城市和建筑空间有较大的适用性[18]。

### 1.3.4 固体氧化物燃料电池

固体氧化物燃料电池(solid oxide fuel cell,简称 SOFC)使用固体电解质,通常是氧化物陶瓷材料,如氧化钇稳定的氧化锆(YSZ)。固体氧化物燃料电池属第三代燃料电池,其工作温度为 600~1000 ℃,属于高温燃料电池。由于固体氧化物燃料电池的工作温度较高,使得电化学反应速率较快,从而实现高效能量转换,提高发电效率。同时,固体氧化物燃料电池可以使用多种燃料,适用范围广泛,具有较强的燃料适应性[19]。

固体氧化物燃料电池的应用前景非常广阔,涵盖了多个领域,从民用到商业、工业和交通运输,都有着潜在的应用。固体氧化物燃料电池系统可以与家庭供暖和热水系统结合,实现高效能量转换,同时提供电力和热能,提高能源利用效率。在商业建筑和工业设施中,固体氧化物燃料电池可以用于联合发电,为企业提供可靠的电力和热能供应,降低能源成本和碳排放。作为分布式发电系统的一部分,可以将多个小型电源集成到能源网络中,提高能源的分布和供应灵活性。由于具有高能量密度和长时间运行的能力,其可以作为移动式电源,为军事、应急救援和户外活动等场景提供可靠的电力供应。其还可以与能源储存技术结合,构建智能微网,实现能源的高效管理和优化利用。固体氧化物燃料电池的应用受到技术进步和市场需求的双重推动,随着科技的不断进步和成本的降低,该应用有望在不久的将来实现商业化[20]。

### 1.3.5 质子交换膜燃料电池

质子交换膜燃料电池(proton exchange membrane fuel cell,简称 PEMFC)以

固体聚合物膜作为电解质,该类膜电解质允许质子（H$^+$）传导,同时阻止电子和气体的穿透。质子交换膜燃料电池的工作温度通常在 60~90 ℃,属于低温燃料电池。相比其他类型的燃料电池,质子交换膜燃料电池的工作温度较低,这使其具有快速启动和高效能量转换的优势。然而,低工作温度也带来了一些挑战。例如低温下氢气的催化反应速率较慢,需要使用贵金属催化剂来促进反应[21]。

质子交换膜燃料电池的独特优势使其在多个领域具有广阔的应用前景。质子交换膜燃料电池被广泛应用于汽车、公交车、无人机和船舶等交通工具。其快速启动和高能量密度使得车辆能够实现高效率驱动,并减少尾气排放,从而有效应对环境污染和气候变化挑战。质子交换膜燃料电池在家庭和商业电力供应方面也展现出了优越性。作为备用电源或主要电力供应系统,质子交换膜燃料电池可以为家庭和商业建筑提供可靠、高效的电力和热能。同时,其也有助于减少对传统能源的依赖,促进能源转型和环保发展[21]。

## 参 考 文 献

[1] 中华人民共和国国家发展和改革委员会,国家能源局. "十四五"现代能源体系规划 [EB/OL]. 2022.

[2] OLABI A G, ABDELKAREEM M A. Renewable energy and climate change [J]. Renewable and Sustainable Energy Reviews, 2022, 158: 112111.

[3] 高桥武彦. 燃料电池 [M]. 东京: 共立出版株式会社, 1992.

[4] 王林山,李瑛. 燃料电池 [M]. 北京: 冶金工业出版社, 2005.

[5] 衣宝廉. 燃料电池——原理、技术、应用 [M]. 北京: 化学工业出版社, 2003.

[6] 衣宝廉. 燃料电池: 高效、环境友好的发电方式 [M]. 北京: 化学工业出版社, 2000.

[7] 毛宗强. 燃料电池 [M]. 北京: 化学工业出版社, 2005.

[8] 姚传刚,张海霞,刘凡,等. 固体氧化物燃料电池阴极材料 [M]. 北京: 冶金工业出版社, 2021.

[9] LUCIA U. Overview on fuel cells [J]. Renewable and Sustainable Energy Reviews, 2014, 30: 164-169.

[10] FAN L, TU Z, CHAN S H. Recent development of hydrogen and fuel cell technologies: A review [J]. Energy Reports, 2021, 7: 8421-8446.

[11] CARRETTE L, FRIEDRICH K A, STIMMING U. Fuel cells: Principles, types, fuels, and applications [J]. ChemPhysChem, 2000, 1 (4): 162-193.

[12] FERRIDAY T B, MIDDLETON P H. Alkaline fuel cell technology—A review [J]. International Journal of Hydrogen Energy, 2021, 46 (35): 18489-18510.

[13] KORDESCH K, HACKER V, GSELLMANN J, et al. Alkaline fuel cells applications [J]. Journal of Power Sources, 2000, 86 (1/2): 162-165.

[14] DICKS A L. Molten carbonate fuel cells [J]. Current Opinion in Solid State & Materials Science, 2004, 8 (5): 379-383.

[15] 林化新,周利,衣宝廉,等. 千瓦级熔融碳酸盐燃料电池组启动与性能 [J]. 电池,

2003, 33 (3): 142-145.

[16] WATANABE T. Development of molten carbonate fuel cells in Japan and at CRIEPI-application of Li/Na electrolyte [J]. Fuel Cells, 2001, 1 (2): 97-103.

[17] 张纯, 毛宗强. 磷酸燃料电池电站技术的发展、现状和展望电源技术 [J]. 电源技术, 1996, 20 (5): 216-221.

[18] SAMMES N, BOVE R, STAHL K. Phosphoric acid fuel cells: Fundamentals and applications [J]. Current Opinion in Solid State & Materials Science, 2004, 8 (5): 372-378.

[19] SINGH M, ZAPPA D, COMINI E. Solid oxide fuel cell: Decade of progress, future perspectives and challenges [J]. International Journal of Hydrogen Energy, 2021, 46 (54): 27643-27674.

[20] 孙克宁. 固体氧化物燃料电池 [M]. 北京: 科学出版社, 2023.

[21] HAIDER R, WEN Y, MA Z, et al. High temperature proton exchange membrane fuel cells: Progress in advanced materials and key technologies [J]. Chemical Society Reviews, 2021, 50 (2): 1138-1187.

# 2 固体氧化物燃料电池

固体氧化物燃料电池（solid oxide fuel cell，简称SOFC）属继水力、火力、核能发电后的第四代发电技术，是一种高效、环境友好的全固态能量转换装置，可以不经过燃烧过程，直接将储存在燃料气和氧化剂中的化学能转化成电能，被公认为21世纪较有前景的能源技术之一，在满足电力需求、缓解能源危机、保护生态环境及保障国家安全等方面都具有非常重要的意义[1]。

## 2.1 SOFC的工作原理

固体氧化物燃料电池（SOFC）是一种全固态电池装置，其构型类似于三明治，由3个主要部分组成：中间是电解质层，两侧分别是阳极层和阴极层。电解质层致密，而阳极层和阴极层疏松多孔。SOFC根据其电解质的特性，又可以分为氧离子（$O^{2-}$）传导型固体氧化物燃料电池（O-SOFC）和质子（$H^+$）传导型固体氧化物燃料电池（H-SOFC）。以氧离子传导型固体氧化物燃料电池为例，简述其工作原理，如图2-1所示。

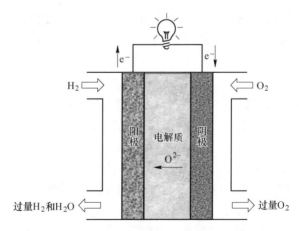

图2-1 SOFC的工作原理示意图

在SOFC的阳极侧，通入氢气（$H_2$）。氢气被具有催化作用的阳极表面吸附，并逐渐扩散至阳极与电解质的界面处。在此处，氢气失去电子，被氧化成氢离子（$H^+$）。同时，在SOFC的阴极侧，通入氧气（$O_2$）或空气。氧气分子吸附在疏松多孔的阴极表面，并解离成氧原子（O）。接着，氧原子与外电子相结合变成氧离子（$O^{2-}$）。氧离子在电解质两侧的电位差及浓度差的驱使之下，经过固体电解质中的氧空位逐渐扩散至阳极侧。在阳极侧，氧离子与那里的氢离子结合，生成水（$H_2O$）和电子。这些电子通过外电路的循环对负载进行做功，从而完成化学能（储存在燃料气中的）到电能的高效转换过程[2]。

此时，SOFC 中的阳极、阴极和总的电化学反应方程式分别如下：

阳极反应：
$$H_2 + O^{2-} \longrightarrow H_2O + 2e^-$$

阴极反应：
$$\frac{1}{2}O_2 + 2e^- \longrightarrow O^{2-}$$

总反应：
$$H_2 + \frac{1}{2}O_2 \longrightarrow H_2O$$

## 2.2 SOFC 的优点

固体氧化物燃料电池（SOFC）作为第三代燃料电池，在分布式发电站、便携式电源及航天等多个领域都拥有广阔的应用前景。SOFC 的显著优点主要表现在以下几个方面[3]：

（1）全固态结构。SOFC 的阳极、阴极和电解质都是固体材料，因此不存在像酸碱电解质和熔盐电解质那样的腐蚀问题，使得 SOFC 具备更好的耐用性和稳定性。

（2）能量效率高。SOFC 的能量转换效率可达 65%，若采用热电联产的方式，其效率甚至可以达到 80%及以上，相比传统发电技术有着明显的优势。

（3）环境友好。噪声低，氮氧化物或硫氧化物等污染物的排放量为零或极少。

（4）燃料多样性。SOFC 可使用多种燃料，包括氢气、天然气、甲醇等。这种灵活性使其在不同应用场景下具备广泛的适用性，其在不同能源资源环境下都具备灵活的应用能力。

（5）不使用贵金属催化。SOFC 属于高温燃料电池，在较高的工作温度下，燃料氧化和电极反应速度较快，无需使用昂贵的贵金属进行催化，大大降低了制造成本。

（6）易于安装和维护。SOFC 结构简单，可进行模块化安装，适合在各类规模和地点进行灵活布置，并且便于维护和管理。

## 2.3 SOFC 的发展现状

目前，美国、日本以及欧洲等发达国家和地区在固体氧化物燃料电池（SOFC）研究领域内的资金投入和研究成果产出均居全球领先地位。这些国家和地区不仅在 SOFC 基础研究方面取得了显著的进展，还在技术创新、材料开发、电池设计以及系统集成等方面取得了突破[4]。

在美国，政府机构、研究机构以及一些领先的能源公司都在 SOFC 研究上投入了大量资源。美国的西屋公司（Westinghouse）是全球最早一批致力于管式固体氧化物燃料电池研究的企业之一。早在 1986 年，该公司便成功制造了世界上首台千瓦级管式 SOFC 电池堆，该电池堆在随后的数千小时内稳定运行，其优异的性能表现赢得了高度认可。1997 年，将 SOFC 电池堆的规模提升至 150 kW，并且成功实现了商业化应用，证明了其在技术突破和产业化方面的卓越能力[5]。

Bloom Energy 公司是固体氧化物燃料电池领域极具代表性的企业之一，其技术相对成熟且运行可靠。该公司主打的 SOFC 产品规格为 50 kW 模组，通过多模组的组合，最大可实现几十兆瓦级别的燃料电池系统。这一技术已经成功地应用于众多知名企业，如苹果、谷歌等。该公司还与韩国 SK 集团展开合作，在 2022—2025 年间，计划至少增加 500 MW 的装机量[6]。另一家在全球燃料电池领域备受瞩目的企业是美国的 Fuel Cell Energy 公司。该公司研发的 250 kW 固体氧化物燃料电池系统具备多种出色的应用能力。该系统不仅可以作为制氢的电解器实现高效的氢气制备，还能够作为发电的燃料电池运行。多功能特性使其在能源领域拥有广阔的应用前景[7]。

与美国的 SOFC 市场倾向于大中型工商业用供电系统不同，欧洲市场则主要关注微型热电联供（micro-CHP）系统的推广。其中具有代表性的企业包括 Sunfire、Ceres Power、Solid Power、Hexis、Elcogen、Convion、Topose、博世等。德国 Sunfire 公司是基于碱性以及固体氧化物技术生产工业电解槽的全球领先者。2022 年，Sunfire 公司在荷兰鹿特丹的 Neste 炼油厂成功安装了全球首台 2.6 MW 的高温电解槽系统[8]。英国的 Ceres Power 公司的 Steel Cell 技术具备快速启动和高功率密度等特点，在住宅、商业发电以及交通等领域具有广阔的应用前景[16]。意大利的 Solid Power 公司专注于微型热电联供系统的研发与应用。该公司研发的 2.5 kW 规模 ENGEN2500 系统展现出卓越的性能，总效率约达到 90%[9]。瑞士的 Hexis 公司，专注于为单户家庭、多户公寓建筑以及小型商业应用设计和制造基于燃料电池的微型热电联供装置[10]。爱沙尼亚的 Elcogen 公司的产品包括 SOFC 单片电池和电堆，这些产品不仅在性能上表现出色，还具备广泛的应用潜力[11]。德国的博世公司正积极地参与并布局固体氧化物燃料电池产业链。2018 年和

2019年，博世公司两次投资了英国电堆生产商Ceres Power，为SOFC技术的商业化奠定了坚实的基础[12]。

日本在政府的大力支持下，家用燃料电池热电联供（ENE-FARM）计划取得了显著的成就，其小型家庭SOFC热电联供技术已经达到了成熟和可靠的水平，且其保有量位居全球之首，为清洁能源技术的普及和应用树立了典范[13]。同时，涌现出众多知名企业，其中包括京瓷、大阪燃气、三菱日立、爱信精机等。这些企业在SOFC技术的研发和应用方面取得了显著的成就。京瓷自1985年开始着手燃料电池技术的开发，一直在小型SOFC领域进行技术挑战。如今，京瓷已经实现了第三代更小型化的产品，这些产品的发电功率达到了700 W，可持续工作时间长达9万小时，启停次数高达360次，设计寿命达12年。三菱重工则在20世纪80年代开始了SOFC技术的研发，并取得了令人瞩目的突破。2018年，实现商用250 kW和1 MW的联合发电产品，这标志着他们在SOFC技术领域的商业化取得了重要进展[14]。

中国在固体氧化物燃料电池（SOFC）领域的研发工作主要由科研院所和高校牵头进行，资金支持主要来自国家和地方科技项目。中国科学院上海硅酸盐研究所、中国科学院大连化学物理研究所、中国科学院宁波材料技术与工程研究所、中国科学技术大学、清华大学、哈尔滨工业大学、中国矿业大学、华中科技大学等单位长期坚持SOFC的研发工作。经过多年的不懈努力，这些单位已经初步掌握了从原材料生产、大面积单电池批量生产制备、电堆组装到整个SOFC系统的设计开发技术。

尽管在SOFC技术方面已取得了可喜的进展，但不同于欧美等发达国家的SOFC技术已达到先进水平和实现商业化应用，中国的SOFC产业仍处于工业示范向商业应用的过渡阶段。值得一提的是，商业化的前景引发了更多企业的积极参与，进一步推动了产业的发展。这一转变为中国的SOFC产业带来了巨大的机遇。越来越多的企业开始投入SOFC研发和生产，积极寻求与科研机构合作，加速技术创新和商业化进程。随着市场需求的不断增长，中国的SOFC产业有望在未来实现更快速、更稳健的发展[15]。

## 2.4 SOFC组成材料

SOFC是一种全固态的能量转换装置，主要由阳极、电解质和阴极组成。下面将分别介绍各组成部分的特性对材料的要求及研究现状。

### 2.4.1 SOFC阳极材料

阳极在SOFC中扮演着至关重要的角色，其主要功能是提供电化学氧化反应的场所，并将在燃料氧化过程中释放的电子传递至外部电路，从而完成能量转换的关键步骤。因此，阳极材料需要具备多项关键特性，以确保电池的高效运行。

首先，阳极材料需要具有较高的电子电导率，以有效地将燃料氧化产生的电子传递至外部电路。同时，阳极在还原性气氛下需要表现出较高的稳定性，以确保长时间的稳定运行。阳极稳定性不仅影响电池寿命，还直接关系到电池的可靠性和持续性。

其次，阳极材料应具有适当的孔隙率，以确保足够的三相界面和燃料气体的扩散。这有助于维持电池的高效反应速率，并确保燃料气体在阳极与电解质之间的有效传递。良好的孔隙结构有助于提高三相界面的面积，进而提高电池的功率密度[16]。

### 2.4.1.1 Ni/YSZ 复合阳极材料

金属镍（Ni）因其高催化活性、价格低等特点，被广泛用作固体氧化物燃料电池（SOFC）阳极材料。然而，金属 Ni 与常用的电解质材料如氧化钇稳定氧化锆（YSZ）的热膨胀系数存在差异，易导致裂纹和脱落现象。

为解决金属 Ni 与电解质材料热膨胀系数不匹配的问题，通常采用金属 Ni 与 YSZ 复合，形成 Ni/YSZ 复合阳极。这样一来，不仅可以有效解决阳极与电解质材料在烧结和使用过程中热膨胀系数不匹配的问题，还能增加材料中三相界面的长度，进而增加燃料气体在阳极进行电化学氧化的活性位点[17]。

然而，尽管 Ni/YSZ 复合阳极在以氢气为燃料的 SOFC 中得到广泛应用，但其仍存在一些缺陷。例如，在长时间高温运行下，Ni 颗粒会增大，导致电化学性能下降。研究表明，经过 250 h 运行后，Ni/YSZ 复合阳极的形貌发生显著变化，比表面积下降了 17.9%，极化电阻从 $0.54\ \Omega \cdot cm^2$ 增加至 $1.82\ \Omega \cdot cm^2$ [18]。此外，当 Ni 用于裂解碳氢化合物时，裂解反应的主要产物碳会沉积在 Ni 的表面，导致其性能迅速下降。

研究发现，利用氧化钡（BaO）修饰 Ni/YSZ 复合阳极可以显著提高阳极的稳定性。Han 等[19]采用相转化-浸渍方法将 BaO 修饰在复合阳极表面。在湿氢气和甲烷燃料中，800 ℃时相应的峰值功率密度分别为 $0.30\ W/cm^2$ 和 $0.22\ W/cm^2$。

### 2.4.1.2 Cu/CeO₂ 复合阳极材料

$Cu/CeO_2$ 复合材料是另一种固体氧化物燃料电池（SOFC）阳极材料。研究表明，在 650 ℃，以氢气为燃料时，基于 $Cu/CeO_2$ 的 SOFC 输出功率密度为 $0.29\ W/cm^2$。700 ℃时，电池的输出功率密度提高至 $0.48\ W/cm^2$ [20]。此外，Gorte 等[21-22]在 $Cu$-$CeO_2$/YSZ 复合阳极方面开展了大量研究工作。在以氢气为燃料时，基于 $Cu$-$CeO_2$/YSZ 复合阳极的电池，其最大功率密度达到了 300 mW/$cm^2$；而当以碳氢化合物为燃料时，电池的最大功率密度在 100~120 mW/$cm^2$。在 $Cu$-$CeO_2$/YSZ 复合阳极中，Cu 起到导电的作用，但对碳氢化合物缺乏催化作用；而其中的 $CeO_2$ 不仅对碳氢化合物具有良好的催化作用，还可以增加阳极的电子电导率和离子电导率[23-24]。此外，研究表明，通过 Fe、Mn 过渡金属对 $CeO_2$ 进行掺杂改性，可提高材料的氧空位浓度、晶格氧流动性等。另外，用 Gd 和 Sm 等元素对 $CeO_2$ 进行掺杂，不仅可以提高 $CeO_2$ 基材料的离子电导率，还可以有效地抑制阳极的积碳问题。同时，通过浸渍等表面修饰方法对 $Cu/CeO_2$ 复合阳极材料进行改性，可增加电极过程的三相反应界面的长度，有效降低极化电阻[25]。

#### 2.4.1.3 钙钛矿型阳极材料

作为 SOFC 的阳极，需要对 $H_2$ 等燃料气体具有较高的催化活性，并且具有一定的电子电导率和离子电导率，还应能抗硫和抗积碳。近年来，一些钙钛矿结构的氧化物在还原性气氛中表现出一定的电子电导率和离子电导率，同时对碳氢化合物有一定的催化活性，被认为是 SOFC 阳极的潜在应用材料。其中，研究较多的有 $SrTiO_3$ 基材料、$LaCrO_3$ 基材料和 $Sr_2MgMoO_6$ 基材料[26]。

$SrTiO_3$ 基阳极材料中，由于存在 $Ti^{4+}$ 向 $Ti^{3+}$ 的转变，从而使其具有一定的电子电导率。研究表明，当采用 La 和 Mn 分别取代 A 位的 Sr 和 B 位的 Ti 后，可有效提升此类阳极材料的性能[27]。研究报道称，以 $La_{0.4}Sr_{0.6}Ti_{0.4}Mn_{0.6}O_3$ 为阳极的 SOFC，在 810 ℃时的 $CH_4$ 气氛中，其极化电阻仅为 $0.82\ \Omega \cdot cm^2$[28]。据报道，在 900 ℃时，$La_{0.75}Sr_{0.25}Cr_{0.5}Mn_{0.5}O_3$ 在 $CH_4$ 和 $H_2$ 气氛中的极化电阻分别为 $0.85\ \Omega \cdot cm^2$ 和 $0.26\ \Omega \cdot cm^2$，与 Ni/YSZ 复合阳极的电化学性能相近[29]。研究表明，Mn 掺杂的 $Sr_2Mg_{1-x}Mn_xMoO_6$ 作为 SOFC 阳极材料表现出了良好的稳定性和耐硫性[30]。

### 2.4.2 SOFC 电解质材料

在 SOFC 中，电解质层的关键性质对整个系统的性能和稳定性影响极大。电解质层主要负责传导氧离子，并同时起到隔离燃料气体和氧化剂气体的作用。

首先，电解质材料的导电性是影响 SOFC 性能的关键因素之一。在氧化性和还原性气氛中，电解质材料需要具备较高的离子电导率，以确保氧离子在电解质层内的高效传输。与此同时，电子电导率应尽可能低，以保证电子只通过外部电路进行传输。这样的设计保障了 SOFC 系统中氧离子或氢离子的高效传输，同时防止了电子流失，确保了电解质层的有效分离功能[31]。

其次，物理兼容性在电解质材料的选择中也占有重要地位。物理兼容性要求电解质材料与其他电池组件（如电极）的热膨胀系数相匹配，以确保在高温运行时，整个 SOFC 系统的结构能够保持稳定。只有在组件之间的热膨胀系数匹配的情况下，才能有效地避免因温度变化引起的构件破损或失效[32]。

在电解质材料的选择中，还需要考虑化学兼容性。电解质材料必须在氧化性和还原性气氛中都表现出良好的化学稳定性，以确保 SOFC 系统在长时间的运行中不发生材料损耗。同时，电解质材料与电池中的阳极和阴极等其他组件之间不能发生不良的化学反应，以保障整个系统的化学稳定性。此外，致密性是电解质材料设计中的重要因素。通常，电解质材料需要经过高温烧结，形成致密的陶瓷片。高度致密的电解质材料不仅能够提高氧离子或氢离子在其内部的传输效率，还能有效地隔离燃料气体和氧化剂气体，防止气体泄漏，从而提高 SOFC 系统的效率和安全性[33]。

SOFC 中常见的固体电解质材料主要分为以下几类：氧离子导体型电解质材料、质子导体型电解质材料和复合电解质材料。

#### 2.4.2.1 氧离子导体型电解质材料

A  $ZrO_2$ 基电解质材料

$ZrO_2$ 是典型的萤石结构化合物。掺杂 $ZrO_2$ 是研究最早和目前应用最广泛的固体电解质材料。纯 $ZrO_2$ 在 1100 ℃时存在由单斜相向四方相的转变，会产生很大的体积变化。但用 $Ca^{2+}$ 和 $Y^{3+}$ 等离子进行掺杂后，不但在低温下即可获得稳定的结构，而且能大幅提高材料中的氧空位浓度，提高离子电导率[34]。

$Y_2O_3$ 稳定的 $ZrO_2$（YSZ）是目前应用较为广泛的固体电解质材料之一。研究表明，$Y_2O_3$ 的最佳掺杂量（摩尔分数）为 8%，此时离子电导率达到最大值。当 $Y_2O_3$ 的掺杂量（摩尔分数）高于 8%后，YSZ 的离子电导率逐渐下降，这是因为过量掺杂会导致材料中的缺陷缔合，降低氧空位的迁移率。值得注意的是，YSZ 电解质材料虽然在高温下表现出较高的氧离子电导率、高的稳定性和机械强度等优点，但在中温区范围内，YSZ 的离子电导率仅为 0.001~0.003 S/cm，无法满足中温 SOFC 的使用要求[35]。

B  $CeO_2$ 基电解质材料

$CeO_2$ 基氧化物是另一类常见的 SOFC 电解质材料。纯 $CeO_2$ 为萤石结构，离子电导率低，600 ℃时电导率仅约 $10^{-5}$ S/cm。大量研究表明，采用低价阳离子掺杂后，可大幅提升离子电导率。

$Sm_2O_3$ 掺杂的 $CeO_2$（SDC）和 $Gd_2O_3$ 掺杂的 $CeO_2$（GDC）是固体氧化物燃料电池（SOFC）电解质材料领域中备受关注的两种材料。这两种材料在理论和实验方面均得到了广泛研究，SOFC 电解质的性能得以提高。尽管 SDC 和 GDC 等固体电解质材料表现出许多优异的特性，但其在还原性气氛中的应用却面临一些挑战。当 SDC 和 GDC 置于还原性气氛中时，电解质中的部分 $Ce^{4+}$ 将发生还原反应转变为 $Ce^{3+}$，导致电解质出现一定程度的电子导电现象。这种还原反应不仅降低了电池的开路电压，还会使电池的输出功率密度下降。此外，$Ce^{4+}$ 还原成 $Ce^{3+}$ 的同时会引起晶格膨胀，可能导致电池的电解质层与电极层接触不良，甚至发生开裂现象。这种晶格膨胀对电池的输出性能产生了显著的负面影响。

为了解决这一问题,研究人员提出了采用掺杂离子的方式来抑制 $CeO_2$ 基电解质中 $Ce^{4+}$ 还原为 $Ce^{3+}$。例如 Kang 等[36]利用 $Pr^{4+}$-$Pr^{3+}$ 混合价态来抑制 Ce 离子的还原,阳离子共掺杂通过抑制氧空位的有序性提高电解质的离子电导率,因此制备了 Sm-Pr-Y 共掺杂 $CeO_2$ 基电解质。结果表明,共掺杂的电解质在 60 h 内电导率基本保持不变,证明了通过掺杂离子的方式可以使得 $CeO_2$ 基电解质在空气气氛中保持良好的稳定性。800 ℃时,单电池的开路电压为 0.74 V,最大功率密度达到 674.6 $mW/cm^2$。

C  $LaGaO_3$ 基电解质材料

在室温下,纯 $LaGaO_3$ 属于正交晶系结构。通过对其进行离子掺杂,可以有效提高其离子电导率。研究表明,在对 La 位进行不同碱土阳离子的掺杂时,电导率的递增顺序为 $\sigma_{Sr} > \sigma_{Ba} > \sigma_{Ca}$。因此,对于 $LaGaO_3$ 基电解质材料而言,使用 Sr 对 La 位进行掺杂是最为合适的选择。尽管理论上增加 Sr 的掺杂量可以提高氧空位的含量,从而增强材料的离子电导率,但由于 Sr 和 La 两者之间的固溶度相对较低,当 Sr 的掺杂量(摩尔分数)超过 10%时,就会导致第二相的产生。因此,仅仅通过增加 Sr 的掺杂量来提高材料的离子导电性是有限的[37]。

由于 $LaGaO_3$ 属于钙钛矿结构,除了对 La 位进行掺杂外,还可以在 Ga 位进行掺杂。研究表明,对 Ga 位进行 Mg 掺杂能显著提高 $LaGaO_3$ 的离子电导率。在 Mg 的掺杂量(摩尔分数)为 20%时,材料的离子电导率达到最高水平。这是因为 $Mg^{2+}$ 的离子半径较大,与 $Ga^{3+}$ 相比,其进入晶格后会引起晶格点阵常数增大,从而将 Sr 在 $LaGaO_3$ 中的固溶度由 10%提高到 20%[38]。

$Sr^{2+}$ 和 $Mg^{2+}$ 共掺的 $LaGaO_3$(LSGM)报道引起了广泛关注。研究表明,$(La_{0.9}Ln_{0.1})_{0.8}Sr_{0.2}Ga_{0.8}Mg_{0.2}O_{3-\delta}$(Ln = Y, Nd, Sm, Gd, Yb)材料不同 Ln 的离子电导率按如下顺序递增:$\sigma_Y < \sigma_{Yb} < \sigma_{Gd} < \sigma_{Sm} < \sigma_{Nd}$。这是因为随着掺杂离子的半径逐渐减小,容忍因子的值逐渐偏离理想的立方钙钛矿结构,导致氧离子的迁移率降低[39]。研究发现 $La_{0.8}Sr_{0.2}Ga_{0.8}Mg_{0.2}O_{3-\delta}$ 在 800 ℃时电导率高达 0.137 S/cm,与 8YSZ 在 1000 ℃时的离子电导率相当[40]。另外,LSGM 电解质在氧化和还原气氛下(氧分压为 $1.01 \times 10^{-15}$ Pa)几乎不产生电子导电,在高温氧化还原气氛中具有优异的稳定性[41]。在 LSGM 的 La 位引入少量 Ba、Gd 和 Ca 等过渡金属,通过改变八面体的倾斜角度来降低活化能,使其在低温下表现出较高的电导率。另外,研究报道称在 LSGM 的 Mg 位引入少量 Fe、Co 和 Ni 等过渡金属,可进一步提高材料的离子电导率[42-47]。

除了 LSGM 系列,一些新型的氧化物体系也受到了广泛关注,例如 $Ba_2In_2O_5$[48]、$La_2Zr_2O_7$[49]、$La_2Mo_2O_9$[50]、$M_{10}(XO_4)_6O_{2+y}$(M 为稀土或碱土元素,X 为 Si 和 Ge)[51]和 $Ca_{12}Al_{14}O_{33}$[52]等。尽管这些材料作为 SOFC 电解质材料

具有一定的潜力，但其应用也存在一些制约，需要进一步研究以提高材料的性能。

#### 2.4.2.2 质子导体型电解质材料

1981年，Iwahara等[53]首次发现了钙钛矿$ABO_3$型$SrCeO_3$基氧化物在中温条件下表现出明显的质子传导性能，从而引起了广泛的关注。与氧离子传导的电解质相比，质子传导的电解质在低温下表现出较高的质子电导率，因此更适合在中低温范围进行应用。近年来，以$BaCeO_3$和$BaZrO_3$为代表的质子导体型电解质材料得到了广泛的研究。

目前，已经证明铈基钙钛矿氧化物在所有陶瓷氧化物中具有最高的质子电导率。然而，$BaCeO_3$基质子导体电解质中所含的金属元素具有较强的碱性，因此在酸性条件下，如$CO_2$和$SO_2$环境中，容易发生元素偏析。这会导致在界面处生成不利于反应的杂质相，如$BaCO_3$和$Ba(OH)_2$等，阻碍质子的传导，从而降低材料的性能[54]。

稀有元素如Yb、Sc、Y、La等常被用于掺杂进入质子导体电解质中。当$Ce^{4+}$被三价金属阳离子取代时，会产生更多的氧空位，从而提升材料的性能[55]。Matsumoto等[56]进行了探索，研究了不同三价金属离子（包括Y、Tm、Yb、Lu、In、Sc）部分取代Ce元素对$BaCeO_3$化学稳定性和电导率的影响。他们发现随着掺杂离子半径的减小，电导率下降，但化学稳定性增加。Gu等[57]研究了在$BaCeO_3$中掺杂Gd、Y和Yb来提升材料的电导率性能，结果表明Y掺杂的$BaCeO_3$材料具有最高的电导率。

尽管$BaCeO_3$在掺杂以上离子后电导率显著提高，但其稳定性仍然较差。为了提高此类电解质材料的稳定性，通常采用掺杂具有高负电性的粒子，如Nb、Ta和Zr等[58]。其中，作为最为广泛研究的高温质子导电材料，$BaZrO_3$具有低活化能和较好的稳定性等优点。然而，该材料的电导率较低，这使其实际应用受到了限制。为了综合两类（$BaCeO_3$和$BaZrO_3$）电解质的优缺点，通常在Ce位引入Zr来提高材料的稳定性。研究表明，$BaZr_{0.1}Ce_{0.7}Y_{0.2}O_{3-\delta}$（BCZY）在中低温环境下表现出了优异的导电性能[59]。

将Yb掺杂进入BCZY电解质中制备出$BaCe_{0.7}Zr_{0.1}Y_{0.1}Yb_{0.1}O_{3-\delta}$（BCZYYb），其显示了良好的导电性能[60]。Duan等[61]研究将BCZYYb应用于质子导体固体氧化物燃料电池中，在500℃下氢气气氛中，最高功率密度可达455 $mW/cm^2$。Chen等[62]将2%（摩尔分数）NiO作为烧结助剂用于BCZY电解质的性能研究，结果表明，BCZY在NiO辅助下可实现致密化，同时Ni进入BCZY的晶格，占据B位。烧结后BCZY晶粒较大、晶界较少，提升了材料的电导率。采用BZCY的质子导体型固体氧化物燃料电池的峰值功率密度为855 $mW/cm^2$。

### 2.4.2.3 复合电解质材料

自2001年GDC-碳酸盐复合电解质首次被报道以来[63]，$CeO_2$基-碳酸盐复合电解质材料在SOFC领域内得到了广泛关注。这种复合电解质材料主要由掺杂$CeO_2$基电解质（如SDC、GDC和YDC等）作为主相，其中均匀分散碳酸盐，这些碳酸盐包括单组分碳酸盐（如$Li_2CO_3$、$Na_2CO_3$和$K_2CO_3$等）、二元碳酸盐（如$Li/Na_2CO_3$、$Li/K_2CO_3$和$K/Na_2CO_3$等）以及三元碳酸盐（如$Li/Na/K_2CO_3$等）。研究表明，与传统的单相电解质材料相比，这类复合电解质材料的离子电导率高出1~2个数量级。表2-1列举了部分文献中报道的$CeO_2$基-碳酸盐复合电解质的离子电导率和相应的SOFC的电池输出功率密度，从表中的数据可以看出，复合电解质的离子电导率和电池的输出性能与掺杂$CeO_2$和碳酸盐的种类及掺杂量有着密切关系。

表2-1 部分$CeO_2$基-碳酸盐复合电解质的离子电导率和电池输出功率密度

| 掺杂$CeO_2$ | 碳酸盐 | 掺杂量（质量分数）/% | 工作温度/℃ | 电导率/($S \cdot cm^{-1}$) | 输出功率密度/($mW \cdot cm^{-2}$) | 参考文献 |
|---|---|---|---|---|---|---|
| SDC | $Li/Na/K_2CO_3$ | 35 | 550 | 0.5 | 1100 | [64] |
| SDC | $Li/Na_2CO_3$ | 20 | 600 | 0.093 | 600 | [65] |
| SDC | $Li/K_2CO_3$ | 20 | 600 | 0.092 | 550 | [65] |
| SDC | $Na/K_2CO_3$ | 20 | 600 | 0.083 | 550 | [65] |
| SDC | $Na_2CO_3$ | 10 | 650 | 0.044 | 281.5 | [66] |
| GDC | $Li/Na_2CO_3$ | 25 | 550 | 0.17 | 92 | [67] |
| $CeO_2$ | $Li/Na/K_2CO_3$ | | 550 | 0.34 | 910 | [68] |

### 2.4.3 SOFC阴极材料

在SOFC中，阴极是重要的组成部分，其主要功能是提供氧化剂的电化学还原反应场所。为了确保SOFC的高效运行，阴极材料必须具备多种关键特性，包括电子电导率、离子电导率、稳定性、孔隙率、电化学催化活性以及与电解质材料的兼容性等。

第一，阴极材料应具有较高的电子电导率。电子电导率的提高有助于降低电池的内阻损耗，从而提高电池的输出性能。优异的电子导电性能意味着更有效的电子传输，有助于减小电池内部的电阻，从而提高整个电池系统的效率[69]。

第二，阴极材料还应具备一定的离子电导率。在SOFC工作过程中，氧气分子在阴极处发生电化学还原反应，产生氧离子。因此，阴极材料必须能够有效地传输这些氧离子至电解质层，维持电池的正常运行。优异的离子导电性能对于确保SOFC的高效能输出至关重要。常见的离子导电材料包括氧化钇稳定的氧化锆、氧化钇稳定的二氧化铈等。这些材料具备良好的离子传输特性，有助于提高电池的整体性能[70]。

第三，阴极材料在氧化性的气氛中应具有较高的稳定性。由于 SOFC 在高温环境下运行，阴极处于氧化性气氛中，因此阴极材料必须能够抵抗氧化性气氛对其造成的腐蚀和损伤。高稳定性的阴极材料有助于延长电池的使用寿命，减少维护成本。针对这一要求，许多复合氧化物、钙钛矿结构等材料被广泛研究，用以提高阴极的化学稳定性[71]。

第四，阴极材料应具有一定的孔隙率，以确保足够的三相界面和燃料气的扩散。孔隙率的增加有助于改善阴极的气体扩散性能，从而提高反应效率。良好的孔隙结构有利于形成更多的三相界面，促进电子、离子和气体的有效交换，从而提高电池的整体性能。常见的增加孔隙率的方法包括添加造孔剂、调整烧结工艺等[72]。

第五，阴极材料对氧化剂气体应具有良好的电化学催化活性。阴极是氧化还原反应的发生地，具备良好的电化学催化活性能够提高反应速率，从而增强电池性能。通过设计合适的催化剂或调控材料表面的氧化还原活性位点，可以有效提高阴极的电化学催化活性[73]。

第六，阴极材料与电解质材料应具有良好的物理和化学兼容性。确保阴极和电解质之间的紧密结合，减小界面电阻，是提高电池整体性能的关键。材料选择上需要考虑它们的热膨胀系数、晶格匹配等因素，以保证在高温工作环境下阴极与电解质之间的稳定性和耐久性[74]。

### 2.4.3.1 钙钛矿型阴极材料

钙钛矿型氧化物的通式为 $ABO_3$。其理想晶体结构为面心立方结构，在这种结构中，A 位离子位于立方晶胞的顶点位置，其配位数为 12，通常由稀土元素或碱土金属元素组成；B 位离子则位于立方晶胞的体心位置，其配位数为 6，通常为半径较小的过渡金属或一些主族的金属阳离子。氧离子占据立方晶胞的面心位置，与体心位置的 B 位阳离子构成 $BO_6$ 八面体结构。

Sr 掺杂的 $LaMnO_3$ 系列化合物 $La_{1-x}Sr_xMnO_3$（LSM）是研究较为广泛的阴极材料之一。在高温条件下，LSM 阴极材料表现出了卓越的电子导电性、氧化还原催化活性，同时与电解质材料（如 YSZ、GDC 和 LSGM）具有良好的热匹配性和化学兼容性，因而在以这些电解质为基础的 SOFC 中得到了广泛应用。然而，随着温度的降低，其电化学性能呈现迅速下降的趋势。研究表明，当温度从 900 ℃ 降至 700 ℃ 时，LSM 阴极材料的界面极化电阻从 $0.39\ \Omega\cdot cm^2$ 迅速上升至 $55.7\ \Omega\cdot cm^2$，导致其电化学性能迅速衰减[75]。

研究发现，$La_{1-x}Sr_xCoO_3$（LSC）阴极材料在较低温度下表现出优异的离子导电性、电子导电性和电化学催化性能，明显优于 LSM 阴极材料[76]。800 ℃ 时，

LSC 的电子电导率和离子电导率分别可高达 1000 S/cm 和 0.22 S/cm，远超 SOFC 对阴极材料电导率的要求。然而，LSC 阴极材料存在一个明显的缺点，即其线膨胀系数相对较大，例如，当 $x = 0.7$ 时，其线膨胀系数可高达 $26 \times 10^{-6}$ $K^{-1}$，约为 YSZ、SDC 等传统 SOFC 电解质的两倍[77]。LSC 阴极材料与电解质材料之间存在如此大的线膨胀系数差异，可能导致在电池制造或运行的升温和降温过程中，电池的电极层和电解质层发生开裂，严重影响电池的输出性能。

为了克服 LSC 阴极材料热膨胀系数过大的问题，研究人员用 $Fe^{3+}$ 来部分取代 LSC 中的 $Co^{3+}$，发现这一替代显著降低了材料的热膨胀系数，有效解决了 LSC 阴极材料与常见电解质材料的热膨胀系数不匹配的问题[78]。此外，研究发现，LSCF 阴极材料的电子电导率及离子电导率的大小与材料中 Sr 和 Fe 的掺杂量密切相关。当 Fe 的含量为 $y = 0.8$、Sr 的含量约为 $x = 0.4$ 时，材料的电子电导率和离子电导率最高。当 Sr 的含量为 $x = 0.7$ 时，随着 Co 含量的增加，材料的电化学催化性能逐渐增强[79]。

$Ba_{1-x}Sr_xCo_{1-y}Fe_yO_3$(BSCF) 是另一类研究较多的 SOFC 阴极材料[80]。研究结果表明，BSCF 具有出色的电化学催化性能和氧离子传输能力。在 500 ℃ 和 600 ℃ 时，BSCF 阴极的界面极化电阻分别为 0.135 $\Omega \cdot cm^2$ 和 0.021 $\Omega \cdot cm^2$。在 775 ℃ 和 900 ℃ 时，其氧空位扩散速率分别高达 $7.3 \times 10^{-5}$ $cm^2/s$ 和 $1.31 \times 10^{-4}$ $cm^2/s$。Liu 等[81] 在 BSCF 的 B 位引入镧系元素（Ln = La，Ce，Pr），并对掺杂后的 $Ba_{0.5}Sr_{0.5}Co_{0.7}Fe_{0.28}Ln_{0.02}O_{3-\delta}$ (BSCFLn, Ln = La，Ce，Pr) 系列阴极材料的电学及电化学性能进行了测试。研究结果表明，BSCFPr 阴极材料的性能优于未掺杂和掺杂其他镧系元素的阴极材料；700 ℃ 时，界面极化电阻降低至 0.026 $\Omega \cdot cm^2$，与未掺杂的 BSCF 相比，减少了约 50%。

### 2.4.3.2 双钙钛矿型阴极材料

双钙钛矿型化合物 $AA'B_2O_6$ 或 $AA'BB'O_6$ 是从简单钙钛矿型氧化物 $ABO_3$ 演变而来的。近年来，$LnBaCo_2O_{5+\delta}$(Ln = La，Pr，Nd，Sm，Gd) 系列双钙钛矿型化合物受到广泛关注。在 $LnBaCo_2O_{5+\delta}$ 系列化合物中，Ln 和 Ba 占据晶胞中的 A 位，Co 占据 B 位，|CoO 层|BaO 层|CoO 层|LnO 层|CoO 层|⋯沿着 $c$ 轴方向交替堆积排列，在这一系列 A 位层状有序排列的双钙钛矿化合物中，氧空位局限于 LnO 层，这种独特的氧空位分布为氧离子在体相材料中的快速传输提供了通道，因此这类材料具有较高的氧离子扩散系数。

Kim 等[82] 对 PBCO 材料的传输动力学进行了详细的研究，该材料表现出了较高的氧表面交换系数以及出色的氧传输性能。Seymour 等[83] 通过理论模拟计算了 PBCO 材料内的氧离子传输性能，发现在该材料中，氧离子的传输呈现出明显的二维传输特性。Joung 等[84] 对 $LnBaCo_2O_{5+\delta}$(Ln = Pr，Nd，Sm，Gd) 系列双钙钛矿型化合物的电导率进行了系统的研究，结果显示该系列化合物具有非常高的电子电导率。在该系列化合物中，PBCO 表现出最高的电子电导率，其在 100 ℃ 时的最高电导率为 1323 S/cm；在 900 ℃，其电导率的最低值为 310 S/cm。GBCO 电导率的最高值和最低值分别为 655 S/cm 和 163 S/cm。900 ℃ 时，NBCO 在该系列化合物中具有最低的电子电导率，为 132 S/cm，仍能满足传统中温固体氧化物燃料电池阴极材料电导率的要求（$\sigma > 100$ S/cm）。

靳等[85]通过甘氨酸-硝酸盐法制备了 GBCO 双钙钛矿型化合物，并对其作为 SOFC 阴极材料的性能进行了深入研究，结果表明 GBCO 在作为 SOFC 阴极材料方面极具潜力。Jiang 等[86]以 $Pr_{1+x}Ba_{1-x}Co_2O_{5+\delta}$（PBC，$x = 0 \sim 0.30$）作为阴极材料，通过改变 Pr 和 Ba 的元素比例探究阴极材料的性能变化。结果表明在 $x = 0.1$ 时电导率高达 600 S/cm，在 800 ℃ 时的输出功率密度为 732 mW/cm$^2$。

虽然 $LnBaCo_2O_{5+\delta}$（Ln = La，Pr，Nd，Sm，Gd）系列双钙钛矿型化合物作为阴极材料具备卓越的电化学催化性能，但与其他 Co 基材料一样，其热膨胀系数较大。Kim 等[87]的研究结果表明，在 80~900 ℃，LBSC、NBSC、SBSC 和 GBSC 的平均线膨胀系数分别为 $24.3 \times 10^{-6}$ K$^{-1}$、$19.1 \times 10^{-6}$ K$^{-1}$、$17.1 \times 10^{-6}$ K$^{-1}$ 和 $16.1 \times 10^{-6}$ K$^{-1}$，均高于 YSZ（$10.8 \times 10^{-6}$ K$^{-1}$）和 SDC（$12.0 \times 10^{-6}$ K$^{-1}$）等传统电解质的线膨胀系数。

#### 2.4.3.3 类钙钛矿型阴极材料

通式为 $A_2BO_4$ 的化合物是钙钛矿型化合物的一种衍生物，被称为类钙钛矿型化合物。$A_2BO_4$ 型化合物的结构可以看作是由钙钛矿结构的 $ABO_3$ 层及岩盐结构的 AO 层在沿着 $c$ 轴的方向上交替排列。这类化合物通常是离子和电子的混合导体，其混合导电性能主要分别源于 AO 层的间隙氧离子的迁移运动和 $ABO_3$ 层的 p 型电子导电[88]。另外，$A_2BO_4$ 类钙钛矿型化合物还具有较高的氧扩散系数和表面交换系数，因此其作为 SOFC 阴极材料而受到人们的广泛关注，其中研究最多的材料是 $La_2NiO_{4+\delta}$。

研究人员采用同位素交换深度分析技术对 $La_2NiO_{4+\delta}$ 中氧的传输性能进行了深入研究，结果表明该材料相较于传统阴极材料（如 LSCF）具有更高的氧扩散系数和表面交换系数[89]。理论模拟计算显示，$La_2NiO_{4+\delta}$ 中，$ab$ 平面内填隙氧离子的迁移活化能为 0.29 eV，而在 $c$ 轴方向上氧的迁移活化能高达 2.90 eV，这表明 $La_2NiO_{4+\delta}$ 中的填隙氧离子具有二维传输的特性[90]。另外，$La_2NiO_{4+\delta}$ 的线膨胀系数约为 $11.13 \times 10^{-6}$ K$^{-1}$，与 YSZ 和 SDC 等传统电解质的线膨胀系数相匹配。以 $La_2NiO_{4+\delta}$ 为阴极材料、以 Ni/YSZ 为阳极、以 YSZ/GDC 为电解质的 SOFC 单电池在 800 ℃ 时得到了高达 1.25 W/cm$^2$ 的输出功率密度[91]。

为了提高 $La_2NiO_{4+\delta}$ 这类材料的性能，研究者们进行了广泛的 A 位或 B 位离子掺杂的研究。研究发现，通过在 $La_2NiO_{4+\delta}$ 中的 La 位进行 Sr 掺杂，能够显著提高材料的电子电导率。在中温区内，未掺杂的 $La_2NiO_{4+\delta}$ 的电导率为 75.5~

95.3 S/cm，而 Sr 掺杂后的 $La_{2-x}Sr_xNiO_{4+\delta}$ 的电导率能够达到 100 S/cm 及以上[92]。据报道，Pr 掺杂的 $La_{2-x}Sr_xNiO_{4+\delta}$ 作为 SOFC 阴极材料，极化电阻随着 Pr 掺杂量的增加而减小，极化电阻从 $LaNiO_{4+\delta}$ 的 0.93 $\Omega \cdot cm^2$ 降至 $La_{0.5}Pr_{1.5}NiO_{4+\delta}$ 的 0.23 $\Omega \cdot cm^2$[93]。Inprasit 研究了 Sr 对 $La_{2-x}Sr_xNiO_{4+\delta}$ 氧传输性能的影响，结果显示氧扩散系数对 Sr 含量十分敏感。氧扩散系数从 $La_{1.8}Sr_{0.2}NiO_{4+\delta}$ 的 $1 \times 10^{-9}$ $cm^2/s$ 降至 $La_{1.4}Sr_{0.6}NiO_{4+\delta}$ 的 $3 \times 10^{-13}$ $cm^2/s$，然后再上升至 $La_{1.2}Sr_{0.8}NiO_{4+\delta}$ 的 $2 \times 10^{-9}$ $cm^2/s$[94]。

#### 2.4.3.4 尖晶石结构阴极材料

尖晶石结构阴极材料通常用 $AB_2O_4$ 来表示，其是一类具有高电子导电性和氧化还原活性的阴极材料。其中，A 位和 B 位主要是二价和三价过渡金属离子。在尖晶石结构中，A 位离子填充四面体空隙，B 位离子则位于八面体空隙。尖晶石材料由过渡金属元素组成，不包含碱土或稀土元素，因此可以避免与电解质发生反应，表现出了卓越的热稳定性。根据二价金属离子的位置，尖晶石结构主要分为正尖晶石、反尖晶石以及混合型尖晶石。尖晶石常被用于涂层，以改善电极材料和连接体之间的接触电阻，从而提高材料的稳定性[95]。

近年来，研究人员已经开始将尖晶石结构化合物应用于制作固体氧化物燃料电池（SOFC）的阴极，并对该材料的电催化性能进行了测定。Shao 等[96]制备了 $CuCo_2O_4$ 阴极材料，其在 800 ℃ 时的极化电阻为 0.12 $\Omega \cdot cm^2$。然而，由于 $CuCo_2O_4$ 阴极材料的氧空位形成能较小，导致其电导率较低。Li 等[97]探究了 $CuBi_2O_4$ 阴极材料，在 700 ℃ 时，极化电阻为 0.58 $\Omega \cdot cm^2$；750 ℃ 时，单电池的最大功率密度可达到 507 $mW/cm^2$。Thaheem 等[98]合成了 $Mn_{1.3}Co_{1.3}Cu_{0.4}O_4$ 尖晶石氧化物，其在 750 ℃ 时的极化电阻约为 0.225 $\Omega \cdot cm^2$。

尖晶石结构阴极材料，与其他类型的阴极材料一样，可以通过元素掺杂和电解质复合来提升其电化学性能。例如，将 SDC 与 $FeCo_2O_4$ 尖晶石材料复合，得到的复合阴极在 800 ℃ 下的极化电阻为 0.094 $\Omega \cdot cm^2$，远小于 $FeCo_2O_4$ 阴极的极化电阻[99]。另外，Rao 等[100]通过 Co 掺杂 $NiFe_2O_4$ 尖晶石材料中的 Fe 位，制备出的单电池在 650 ℃ 下可以获得 320 $mW/cm^2$ 的功率密度。因此，尖晶石结构化合物作为 SOFC 阴极材料性能良好，值得进一步研究和探索。

#### 2.4.3.5 复合阴极材料

为了改善固体氧化物燃料电池（SOFC）阴极材料的性能，一种常见的策略是在阴极材料中引入电解质材料，形成复合阴极材料。复合阴极材料中引入电解质材料具有多重好处，包括有效提高阴极材料的离子电导率、调节阴极材料的热膨胀系数、提高阴极材料与电解质的匹配性、改善阴极材料的微观结构以及提高阴极材料的电化学催化性能。这一策略有助于提高 SOFC 的整体性能，使其更适于实际应用。

在 LSM 阴极材料中引入 YSZ 电解质材料，可以有效提升其电化学性能。研究结果表明，当 YSZ 的掺杂量达到 40% 时，复合阴极材料呈现出最佳的电化学性能。在 700 ℃ 时，由于 YSZ 的添加，电极反应的活化能从 2.04 eV 降低到 1.14 eV[101]。Leng 等[102]对以 LSCF/GDC 复合材料为阴极、以 GDC 和 Ni/GDC 为电解质和阳极的 SOFC 单电池进行了性能测试，结果显示在 500 ℃ 和 600 ℃ 时的电池输出功率密度分别为 167 mW/cm$^2$ 和 578 mW/cm$^2$。Murray 等[103]的研究表明，LSCF/GDC 复合阴极材料在 600 ℃ 和 750 ℃ 时的界面极化电阻分别为 0.33 Ω·cm$^2$ 和 0.01 Ω·cm$^2$，明显低于单相 LSCF 阴极材料。

近年来，大量的研究表明，采用浸渍法制备的纳米复合阴极材料具有非常好的性能。Namgung 等[104]采用了常见的中温 MIEC 材料 $Sm_{0.5}Sr_{0.5}CoO_{3-\delta}$ 对 LSCF 进行渗透，该复合材料在中温下表现出了卓越的电化学催化活性，其在 700 ℃ 时的峰值功率密度达到 1.57 W/cm$^2$。

## 参 考 文 献

[1] 孙克宁. 固体氧化物燃料电池 [M]. 北京：科学出版社，2023.

[2] 姚传刚，张海霞，刘凡，等. 固体氧化物燃料电池阴极材料 [M]. 北京：冶金工业出版社，2021.

[3] ORMEROD R M. Solid oxide fuel cells [J]. Chemical Society Reviews, 2003, 32：17-28.

[4] OLULEYE G, GANDIGLIO M, SANTARELLI M. Pathways to commercialisation of biogas fuelled solid oxide fuel cells in European wastewater treatment plants [J]. Applied Energy, 2021, 282 (3)：116127.

[5] WILLIAMS M C, VORA S D, JESIONOWSKI G. Worldwide status of solid oxide fuel cell technology [J]. ECS Transactions, 2020, 96 (1)：1-10.

[6] CHOUDHURY A, CHANDRA H, ARORA A. Application of solid oxide fuel cell technology for power generation—A review [J]. Renewable and Sustainable Energy Reviews, 2013, 20：430-442.

[7] 刘少名，邓占锋，徐桂芝，等. 欧洲固体氧化物燃料电池（SOFC）产业化现状 [J]. 工程科学学报，2020，42 (3)：278-288.

[8] LEAH R, BONE A, SELCUK A. et al. Commercialization of the Ceres Power Steel Cell® technology：Latest update [J]. ECS Transactions, 2021, 103 (1)：679-684.

[9] BERTOLDI M, BUCHELI O, RAVAGNI A. Development, manufacturing and deployment of SOFC-based products at SOLID power [J]. ECS Transactions, 2015, 68 (1)：117-123.

[10] MAI A, GROLIG J G, DOLD M, et al. Progress in HEXIS' SOFC development [J]. ECS Transactions, 2019, 91 (1)：63-70.

[11] NOPONEN M, TORRI P, GÖÖS J, et al. Status of solid oxide fuel cell development at Elcogen [J]. ECS Transactions, 2015, 68 (1)：151-156.

[12] 孙嘉忆. Ceres 公司与博世公司和林德工程公司合作开展 1 MW 绿色氢示范项目 [J]. 热能动力工程，2023，38 (4)：32.

[13] 高玉祥. 日本节能技术的研究与开发：月光计划 [J]. 安徽节能, 1992, 1: 33, 43.

[14] FERNANDES M D, BISTRITZKI V, DOMINGUES R Z, et al. Solid oxide fuel cell technology paths: National innovation system contributions from Japan and the United States [J]. Renewable and Sustainable Energy Reviews, 2020, 127: 109879.

[15] 滕梓源, 张海明, 吕泽伟, 等. 分布式固体氧化物燃料电池发电系统发展现状与展望 [J]. 中国电机工程学报, 2023, 43 (20): 7959-7973.

[16] 黄贤良, 赵海雷, 吴卫江, 等. 固体氧化物燃料电池阳极材料的研究进展 [J]. 硅酸盐学报, 2005, 33 (11): 1407-1413.

[17] 石纪军, 程亮, 罗凌虹, 等. 阳极 NiO/YSZ 含量对 SOFC 电化学性能的影响 [J]. 中国陶瓷工业, 2015, 22 (4): 5-9.

[18] JIAO Z, TAKAGI N, SHIKAZONO N, et al. Study on local morphological changes of nickel in solid oxide fuel cell anode using porous Ni pellet electrode [J]. Journal of Power Sources, 2011, 196 (3): 1019-1029.

[19] HAN Z, DONG H, YANG Y, et al. Novel BaO-decorated carbon-tolerant Ni-YSZ anode fabricated by an efficient phase inversion-impregnation approach [J]. Journal of Power Sources, 2024, 591: 233869.

[20] 雷泽, 朱庆山, 韩敏芳. $Cu-CeO_2$ 基阳极直接甲烷 SOFC 的制备及其性能 [J]. 物理化学学报, 2010, 26 (3): 583-588.

[21] GORTE R J, VOHS J M. Novel SOFC anodes for the direct electrochemical oxidation of hydrocarbons [J]. Journal of Catalysis, 2003, 216 (1/2): 477-486.

[22] GORTE R J, PARK S, VOHS J M, et al. Anodes for direct oxidation of dry hydrocarbons in a solid-oxide fuel cell [J]. Advanced Materials, 2000, 12 (19): 1465-1469.

[23] ATKINSON A, BARNETT S, GORTE R J, et al. Advanced anodes for high-temperature fuel cells [J]. Nature Materials, 2004, 3: 17-27.

[24] GORTE R J, VOHS J M, MCINTOSH S. Recent developments on anodes for direct fuel utilization in SOFC [J]. Solid State Ionics, 2004, 175 (1/2/3/4): 1-6.

[25] RAMÍREZ-CABRERA E, ATKINSON A, CHADWICK D. The influence of point defects on the resistance of ceria to carbon deposition in hydrocarbon catalysis [J]. Solid State Ionics, 2000 (136): 825-831.

[26] SHAIKH S P S, MUCHTAR A, SOMALU M R. A review on the selection of anode materials for solid-oxide fuel cells [J]. Renewable and Sustainable Energy Reviews, 2015, 51: 1-8.

[27] LI X, ZHAO H, GAO F, et al. La and Sc co-doped $SrTiO_3$ as novel anode materials for solid oxide fuel cells [J]. Electrochemistry Communications, 2008, 10 (10): 1567-1570.

[28] GORTE R J, KIM H, VOHS J M. Novel SOFC anodes for the direct electrochemical oxidation of hydrocarbon [J]. Journal of Power Sources, 2002, 106 (1/2): 10-15.

[29] TAO S, IRVINE J T. A redox-stable efficient anode for solid-oxide fuel cells [J]. Nature Materials, 2003, 2: 320-323.

[30] HUANG Y H, DASS R I, DENYSZYN J C, et al. Synthesis and characterization of $Sr_2MgMoO_{6-\delta}$ an anode material for the solid oxide fuel cell [J]. Journal of the Electrochemical

Society, 2006, 153 (7): A1266-A1272.

[31] 孙杨, 陈海峰, 杨杰, 等. 固体氧化物燃料电池电解质发展现状 [J]. 中国材料进展, 2023, 42 (5): 421-430.

[32] 林剑春, 李伟章, 王文广, 等. 中低温固体氧化物燃料电池电解质的研究进展 [J]. 中国陶瓷, 2023, 59 (11): 1-10.

[33] 郭士. 固体氧化物燃料电池电解质材料的研究进展 [J]. 当代化工, 2023, 52 (10): 2445-2448, 2480.

[34] FERGUS J W. Electrolytes for solid oxide fuel cells [J]. Journal of Power Sources, 2006, 162 (1): 30-40.

[35] FIGUEIREDO F, MARQUES F. Electrolytes for solid oxide fuel cells [J]. Wiley Interdisciplinary Reviews: Energy and Environment, 2013, 2 (1): 52-72.

[36] KANG J, WEN C, WANG B, et al. Structure and performance of Pr, Sm, Y co-doped cerium-based electrolyte for intermediate temperature solid oxide fuel cells [J]. Materials Letters, 2021, 305 (15): 130855.

[37] MORALES M, ROA J J, TARTAJ J, et al. A review of doped lanthanum gallates as electrolytes for intermediate temperature solid oxides fuel cells: From materials processing to electrical and thermo-mechanical properties [J]. Journal of the European Ceramic Society, 2016, 36 (1): 1-16.

[38] HARRISON C J, HATTON P V, GENTILE P, et al. Nanoscale strontium-substituted hydroxyapatite pastes and gels for bone tissue regeneration [J]. Nanomaterials, 2021, 11 (6): 1611.

[39] ISHIHARA T, MATSUDA H, TAKITA Y. Effects of rare earth cations doped for La site on the oxide ionic conductivity of $LaGaO_3$-based perovskite type oxide [J]. Solid State Ionics, 1995, 79: 147-151.

[40] YANG L, ZUO C, WANG S, et al. A novel composite cathode for low-temperature SOFCs based on oxide proton conductors [J]. Advanced Materials, 2008, 20 (17): 3280-3283.

[41] GESTEL T V, SEBOLD D, BUCHKREMER H P. Processing of 8YSZ and CGO thin film electrolyte layers for intermediate- and low-temperature SOFCs [J]. Journal of the European Ceramic Society, 2015, 35 (5): 1505-1515.

[42] KHORKOUNOV B, NÄFE H, ALDINGER F. Relationship between the ionic and electronic partial conductivities of Co-doped LSGM ceramics from oxygen partial pressure dependence of the total conductivity [J]. Journal of Solid State Electrochemistry, 2006, 10: 479-487.

[43] STEVENSON J, HASINSKA K, CANFIELD N, et al. Influence of cobalt and iron additions on the electrical and thermal properties of $(La,Sr)(Ga,Mg)O_{3-\delta}$ [J]. Journal of the Electrochemical Society, 2000, 147 (9): 3213-3218.

[44] ISHIHARA T, ISHIKAWA S, HOSOI K, et al. Oxide ionic and electronic conduction in Ni-doped $LaGaO_3$-based oxide [J]. Solid State Ionics, 2004, 175 (1/2/3/4): 319-322.

[45] BRADLEY J, SLATER P R, ISHIHARA T, et al. Dependence of activation energy on temperature and structure in lanthanum gallates [J]. Proceedings of the Electrochemical

Society, 2003, 7: 315-323.

[46] RAGHVENDRA, SINGH R K, SINHA A S K, et al. Investigations on structural and electrical properties of calcium substituted LSGM electrolyte materials for IT-SOFC [J]. Ceramics International, 2014, 40 (7): 10711-10718.

[47] ISHIHARA T, SHIBAYAMA T, HONDA M, et al. Solid oxide fuel cell using Co doped La(Sr)Ga(Mg)O$_3$ perovskite oxide with notably high power density at intermediate temperature [J]. Chemical Communications, 1999, 13: 1227-1228.

[48] GOODENOUGH J, RUIZ-DIAZ J, ZHEN Y. Oxide-ion conduction in $Ba_2In_2O_5$ and $Ba_3In_2MO_8$ (M = Ce, Hf, or Zr) [J]. Solid State Ionics, 1990, 44 (1/2): 21-31.

[49] WANG J D, XIE Y H, ZHANG Z F, et al. Protonic conduction in $Ca^{2+}$-doped $La_2M_2O_7$ (M = Ce, Zr) with its application to ammonia synthesis electrochemically [J]. Materials Research Bulletin, 2005, 40 (8): 1294-1302.

[50] LACORRE P, GOUTENOIRE F, BOHNKE O, et al. Designing fast oxide-ion conductors based on $La_2Mo_2O_9$ [J]. Nature, 2000, 404: 856-858.

[51] KENDRICK E, ISLAM M S, SLATER P R. Developing apatites for solid oxide fuel cells: Insight into structural, transport and doping properties [J]. Journal of Materials Chemistry, 2007, 17 (30): 3104-3111.

[52] HOSONO H, HAYASHI K, KAJIHARA K, et al. Oxygen ion conduction in $12CaO \cdot 7Al_2O_3$: $O^{2-}$ conduction mechanism and possibility of $O^-$ fast conduction [J]. Solid State Ionics, 2009, 180 (6/7/8): 550-555.

[53] IWAHARA H, ESAKA T, UCHIDA H, et al. Proton conduction in sintered oxides and its application to steam electrolysis for hydrogen production [J]. Solid State Ionics, 1981, 3: 359-363.

[54] 陈星. 质子传导型固体氧化物燃料电池的制备及其性能研究 [D]. 南京: 南京理工大学, 2021.

[55] GU Y, LUO G, CHEN Z. Enhanced chemical stability and electrochemical performance of $BaCe_{0.8}Y_{0.1}Ni_{0.04}Sm_{0.06}O_{3-\delta}$ perovskite electrolytes as proton conductors [J]. Ceramics International, 2022, 48 (8): 10650-10658.

[56] MATSUMOTO H, KAWASAKI Y, ITO N, et al. Relation between electrical conductivity and chemical stability of $BaCeO_3$-based proton conductors with different trivalent dopants [J]. Electrochemical and Solid State Letters, 2007, 10 (4): B77-B80.

[57] GU Y J, LIU Z G, OUYANG J H, et al. Structure and electrical conductivity of $BaCe_{0.85}Ln_{0.15}O_{3-\delta}$ (Ln = Gd, Y, Yb) ceramics [J]. Electrochimica Acta, 2013, 105 (1): 547-553.

[58] 余剑峰, 罗凌虹, 程亮, 等. 固体氧化物燃料电池材料的研究进展 [J]. 陶瓷学报, 2020, 41 (5): 613-626.

[59] 曹加锋, 朱志文, 刘卫. 钙钛矿结构质子导体基固体氧化物燃料电池电解质研究进展 [J]. 硅酸盐学报, 2015, 43 (6): 734-740.

[60] ZHOU C, SUNARSO J, SONG Y F, et al. New reduced temperature ceramic fuel cells with

dual-ion conducting electrolyte and triple-conducting double perovskite cathode [J]. Journal of Materials Chemistry A, 2019, 7 (21): 13265-13274.

[61] DUAN C C, TONG J H, SHANG M, et al. Readily processed protonic ceramic fuel cells with high performance at low temperatures [J]. Science, 2015, 349 (6254): 1321-1326.

[62] CHEN M, ZHOU M, LIU Z, et al. A comparative investigation on protonic ceramic fuel cell electrolytes $BaZr_{0.8}Y_{0.2}O_{3-\delta}$ and $BaZr_{0.1}Ce_{0.7}Y_{0.2}O_{3-\delta}$ with NiO as sintering aid [J]. Ceramics International, 2022, 48 (12): 17208-17216.

[63] ZHU B, LIU X, ZHOU P, et al. Innovative solid carbonate-ceria composite electrolyte fuel cells [J]. Electrochemistry Communications, 2001, 3 (10): 566-571.

[64] ASGHAR M I, HEIKKILÄ M, LUND P D. Advanced low-temperature ceramic nano-composite fuel cells using ultra high ionic conductivity electrolytes synthesized through freeze-dried method and solid-route [J]. Materials Today Energy, 2017, 5: 338-346.

[65] XIA C, LI Y, TIAN Y, et al. A high performance composite ionic conducting electrolyte for intermediate temperature fuel cell and evidence for ternary ionic conduction [J]. Journal of Power Sources, 2009, 188 (1): 156-162.

[66] 张广洪. 低温固体氧化物电池氧化铈-碳酸盐复合电解质电化学性能研究 [D]. 深圳: 深圳大学, 2019.

[67] CHOCKALINGAM R, BASU S. Impedance spectroscopy studies of $Gd-CeO_2-(LiNa)CO_3$ nano composite electrolytes for low temperature SOFC applications [J]. International Journal of Hydrogen Energy, 2011, 36 (22): 14977-14983.

[68] JING Y, LUND P, ASGHAR M I, et al. Non-doped $CeO_2$-carbonate nanocomposite electrolyte for low temperature solid oxide fuel cells [J]. Ceramics International, 2020, 46 (18): 29290-29296.

[69] 常春, 李宝莹, 纪博伟, 等. 固体氧化物燃料电池阴极材料的研究进展 [J]. 稀有金属, 2023, 47 (8): 1143-1162.

[70] 余剑峰, 罗凌虹, 程亮, 等. 钙钛矿结构SOFC阴极材料的研究进展 [J]. 材料导报, 2022, 36 (2): 11-21.

[71] 吴天琼, 南博, 郭新, 等. 中低温固体氧化物燃料电池阴极材料研究进展 [J]. 功能材料, 2021, 52 (10): 10048-10060.

[72] 尚凤杰, 李沁兰, 石永敬, 等. 固体氧化物燃料电池阴极材料的研究进展 [J]. 功能材料, 2021, 52 (7): 7032-7040.

[73] 李栋, 付梦雨, 金英敏, 等. 固体氧化物燃料电池阴极性能稳定性的研究进展 [J]. 陶瓷学报, 2020, 41 (6): 820-834.

[74] ZHANG Z, CHEN S, ZHANG H, et al. In situ self-assembled $NdBa_{0.5}Sr_{0.5}Co_2O_{5+\delta}/Gd_{0.1}Ce_{0.9}O_{2-\delta}$ hetero-interfaces enable enhanced electrochemical activity and $CO_2$ durability for solid oxide fuel cells [J]. Journal of Colloid and Interface Science, 2024, 655: 157-166.

[75] JIANG S, ZHANG J, FOGER K. Deposition of chromium species at Sr-doped $LaMnO_3$ electrodes in solid oxide fuel cells: III. Effect of air flow [J]. Journal of the Electrochemical Society, 2001, 148 (7): C447-C455.

[76] YANG Y, CHEN C, CHEN S, et al. Impedance studies of oxygen exchange on dense thin film electrodes of $La_{0.5}Sr_{0.5}CoO_{3-\delta}$ [J]. Journal of the Electrochemical Society, 2000, 147 (11): 4001-4007.

[77] HUANG Y, AHN K, VOHS J M, et al. Characterization of Sr-doped $LaCoO_3$-YSZ composites prepared by impregnation methods [J]. Journal of the Electrochemical Society, 2004, 151 (10): A1592-A1597.

[78] ESQUIROL A, BRANDON N, KILNER J, et al. Electrochemical characterization of $La_{0.6}Sr_{0.4}Co_{0.2}Fe_{0.8}O_3$ cathodes for intermediate-temperature SOFCs [J]. Journal of the Electrochemical Society, 2004, 151 (11): A1847-A1855.

[79] ULLMANN H, TROFIMENKO N, TIETZ F, et al. Correlation between thermal expansion and oxide ion transport in mixed conducting perovskite-type oxides for SOFC cathodes [J]. Solid State Ionics, 2000, 138 (1/2): 79-90.

[80] SHAO Z, HAILE S M. A high-performance cathode for the next generation of solid-oxide fuel cells [J]. Nature, 2004, 431: 170-173.

[81] LIU D, DOU Y, XIA T, et al. B-site La, Ce, and Pr-doped $Ba_{0.5}Sr_{0.5}Co_{0.7}Fe_{0.3}O_{3-\delta}$ perovskite cathodes for intermediate-temperature solid oxide fuel cells: Effectively promoted oxygen reduction activity and operating stability [J]. Journal of Power Sources, 2021, 494: 229778.

[82] KIM G, WANG S, JACOBSON A, et al. Rapid oxygen ion diffusion and surface exchange kinetics in $PrBaCo_2O_{5+x}$ with a perovskite related structure and ordered A cations [J]. Journal of Materials Chemistry, 2007, 17 (24): 2500-2505.

[83] SEYMOUR I, TARANCON A, CHRONEOS A, et al. Anisotropic oxygen diffusion in $PrBaCo_2O_{5.5}$ double perovskites [J]. Solid State Ionics, 2012, 216: 41-43.

[84] JOUNG Y H, KANG H I, CHOI W S, et al. Investigation of X-ray photoelectron spectroscopy and electrical conductivity properties of the layered perovskite $LnBaCo_2O_{5+\delta}$(Ln = Pr, Nd, Sm, and Gd) for IT-SOFC [J]. Electronic Materials Letters, 2013, 9: 463-465.

[85] 靳宏建, 王欢, 张华, 等. 甘氨酸-硝酸盐法合成 $GdBaCo_2O_{5+\delta}$ 阴极材料及其性能 [J]. 无机材料学报, 2012, 27 (7): 751-756.

[86] JIANG L, LI F S, WEI T, et al. Evaluation of $Pr_{1+x}Ba_{1-x}Co_2O_{5+\delta}$ ($x = 0-0.30$) as cathode materials for solid-oxide fuel cells [J]. Electrochimica Acta, 2014, 133: 364-372.

[87] KIM J H, MANTHIRAM A. $LnBaCo_2O_{5+\delta}$ oxides as cathodes for intermediate-temperature solid oxide fuel cells [J]. Journal of the Electrochemical Society, 2008, 155 (4): B385-B390.

[88] PAUDEL T R, ZAKUTAYEV A, LANY S, et al. Doping rules and doping prototypes in $A_2BO_4$ spinel oxides [J]. Advanced Functional Materials, 2011, 21 (23): 4493-4501.

[89] BOEHM E, BASSAT J M, STEIL M, et al. Oxygen transport properties of $La_2Ni_{1-x}Cu_xO_{4+\delta}$ mixed conducting oxides [J]. Solid State Sciences, 2003, 5 (7): 973-981.

[90] MINERVINI L, GRIMES R W, KILNER J A, et al. Oxygen migration in $La_2NiO_{4+\delta}$ [J]. Journal of Materials Chemistry, 2000, 10 (10): 2349-2354.

[91] LEE Y, KIM H. Electrochemical performance of $La_2NiO_{4+\delta}$ cathode for intermediate-temperature solid oxide fuel cells [J]. Ceramics International, 2015, 41 (4): 5984-5991.

[92] AGUADERO A, ESCUDERO M, PEREZ M, et al. Effect of Sr content on the crystal structure and electrical properties of the system $La_{2-x}Sr_xNiO_{4+\delta}$ ($0 \leqslant x \leqslant 1$) [J]. Dalton Transactions, 2006, 36: 4377-4383.

[93] VIBHU V, ROUGIER A, NICOLLET C, et al, $La_{2-x}Pr_xNiO_{4+\delta}$ as suitable cathodes for metal supported SOFCs [J]. Solid State Ionics, 2015, 278: 32-37.

[94] INPRASIT T, WONGKASEMJIT S, SKINNER S J, et al. Effect of Sr substituted $La_{2-x}Sr_xNiO_{4+\delta}$ ($x=0, 0.2, 0.4, 0.6,$ and $0.8$) on oxygen stoichiometry and oxygen transport properties [J]. RSC Advances, 2015, 5 (4): 2486-2492.

[95] MOSAVI A, EBRAHIMIFAR H. Investigation of oxidation and electrical behavior of AISI 430 steel coated with $Mn-Co-CeO_2$ composite [J]. International Journal of Hydrogen Energy, 2019, 45 (4): 3145-3162.

[96] SHAO L, WANG Q, FAN L S, et al. Copper cobalt spinel as a high performance cathode for intermediate temperature solid oxide fuel cells [J]. Chemical Communications, 2016, 52 (55): 8615-8618.

[97] LI N, SUN L, LI Q, et al. Electrode properties of $CuBi_2O_4$ spinel oxide as a new and potential cathode material for solid oxide fuel cells [J]. Journal of Power Sources, 2021, 511: 230447.

[98] THAHEEM I, KIM J K, LEE J J, et al. High performance $Mn_{1.3}Co_{1.3}Cu_{0.4}O_4$ spinel based composite cathodes for intermediate temperature solid oxide fuel cells [J]. Journal of Materials Chemistry A, 2019, 7 (34): 19696-19703.

[99] LI H, SU C, WANG C, et al. Electrochemical performance evaluation of $FeCo_2O_4$ spinel composite cathode for solid oxide fuel cells [J]. Journal of Alloys and Compounds, 2020, 829: 154493.

[100] RAO Y, WANG Z, CHEN L, et al. Structural, electrical, and electrochemical properties of cobalt doped $NiFe_2O_4$ as a potential cathode material for solid oxide fuel cells [J]. International Journal of Hydrogen Energy, 2013, 38 (33): 14329-14336.

[101] 卢自桂, 江义, 董永来, 等. 锰酸镧和氧化钇稳定的氧化锆复合阴极的研究 [J]. 高等学校化学学报, 2001, 22 (5): 791-795.

[102] LENG Y, CHAN S, JIANG S, et al. Low-temperature SOFC with thin film GDC electrolyte prepared in situ by solid-state reaction [J]. Solid State Ionics, 2004, 170 (1/2): 9-15.

[103] MURRAY E P, SEVER M, BARNETT S. Electrochemical performance of $(La,Sr)(Co,Fe)O_3$-$(Ce,Gd)O_3$ composite cathodes [J]. Solid State Ionics, 2002, 148 (1/2): 27-34.

[104] NAMGUNG Y, HONG J, KUMAR A, et al. One step infiltration induced multi-cation oxide nanocatalyst for load proof SOFC application [J]. Applied Catalysis B: Environmental, 2020, 267: 118374.

# 3 材料制备、表征及分析方法

## 3.1 材料制备所用原料

本书中材料制备所用的主要实验原料如表3-1所示。

表3-1 主要实验原料

| 名 称 | 化学式 | 纯度/% | 生产厂商 |
|---|---|---|---|
| 碳酸钡 | $BaCO_3$ | 99.70 | 上海阿拉丁 |
| 碳酸锶 | $SrCO_3$ | 99.70 | 上海阿拉丁 |
| 硝酸 | $HNO_3$ | 68 | 国药试剂 |
| 五氧化二铌 | $Nb_2O_5$ | 99.95 | 国药试剂 |
| 氧化铜 | $CuO$ | 99.85 | 上海阿拉丁 |
| 五氧化二钽 | $Ta_2O_5$ | 99.98 | 国药试剂 |
| 碳酸钙 | $CaCO_3$ | 99.99 | 上海阿拉丁 |
| 氨水 | $NH_3 \cdot H_2O$ | 25~28 | 上海阿拉丁 |
| 四水乙酸钴 | $Co(CH_3COO)_2 \cdot 4H_2O$ | 99.85 | 国药试剂 |
| 四水钼酸铵 | $(NH_4)_6Mo_7O_{24} \cdot 4H_2O$ | 99.80 | 国药试剂 |
| 硝酸锶 | $Sr(NO_3)_2$ | 99.80 | 国药试剂 |
| 六水硝酸镨 | $Pr(NO_3)_3 \cdot 6H_2O$ | 99.9 | 上海阿拉丁 |
| 六水硝酸钕 | $Nd(NO_3)_3 \cdot 6H_2O$ | 99.80 | 国药试剂 |
| 六水硝酸钆 | $Gd(NO_3)_3 \cdot 6H_2O$ | 99.85 | 国药试剂 |
| 六水硝酸钴 | $Co(NO_3)_2 \cdot 6H_2O$ | 99.00 | 上海阿拉丁 |
| 硝酸铜 | $Cu(NO_3)_2$ | 99.99 | 国药试剂 |
| 硝酸钡 | $Ba(NO_3)_2$ | 99.98 | 上海阿拉丁 |
| 六水硝酸铈 | $Ce(NO_3)_3 \cdot 6H_2O$ | 99.70 | 上海阿拉丁 |
| 无水乙醇 | $CH_3CH_2OH$ | 99.90 | 国药试剂 |
| 一水柠檬酸 | $C_6H_8O_7 \cdot H_2O$ | 99.99 | 国药试剂 |
| 乙二胺四乙酸 | $C_{10}H_{16}N_2O_8$ | 99.98 | 国药试剂 |

本书中所用主要实验设备如表3-2所示。

## 3.2 材料制备方法

表 3-2 主要实验设备

| 仪器名称 | 仪器型号 | 生产厂商 |
|---|---|---|
| 电化学工作站 | CHI660E | 上海辰华仪器有限公司 |
| 压片机 | PC-12 | 品创科技 |
| 鼓风干燥箱 | MYS-101-1MBS | 鄄城威瑞科教仪器有限公司 |
| 马弗炉 | KSL-1700X | 合肥科晶材料技术有限公司 |
| X 射线光电子能谱仪 | Axis Ultra DLD | 英国 Kratos 公司 |
| 超声清洗机 | KQ2200DE | 昆山市超声仪器有限公司 |
| 数字源表 | Model 2400 | 美国吉时利公司 |
| 电子天平 | JJ22480 | 常熟市双杰测试仪器厂 |
| 热膨胀仪 | DIL 402C | Netzsch 公司 |
| 高纯氢气发生器 | HS-300 | 华盛谱信 |
| 扫描电子显微镜 | HITACHI S-4800 | 日本日立 |
| 透射电子显微镜 | JEM 2100 | 日本 JEOL |
| X 射线粉末衍射仪 | Bruker D8 Focus | 德国布鲁克 |
| 管式炉 | OTF-1200X | 合肥科晶材料技术有限公司 |

## 3.2 材料制备方法

本书中阴极材料的制备方法主要为溶胶-凝胶法。溶胶-凝胶法的原理基于溶胶和凝胶的形成过程，通过调控溶胶的成分和凝胶的条件，实现对材料结构和性能的精密调控。在此方法中，溶胶是一种液态胶体系统，通常由溶剂和溶质组成；而凝胶是一种具有三维网络结构的胶体，其形成是通过溶胶中的溶质在特定条件下发生聚合或凝聚过程实现的[1]。

在溶液中形成溶胶，然后通过控制条件使其凝胶化，形成具有特定结构和性质的固体材料。在溶胶-凝胶法中，通常选择适当的前驱体溶液，如金属盐或有机化合物，并在适当的条件下使其形成溶胶状态。这一过程中，溶液中的分子开始发生聚集和交联，逐渐形成三维网络结构的凝胶[2]。

溶胶的形成与溶液中前驱体的浓度、溶剂性质、温度等因素密切相关。通过调控这些条件，可以精确控制溶胶的黏度和流动性，为后续的凝胶化奠定基础。随后，在形成溶胶的基础上，通过调整温度、浓度或添加适当的凝胶剂，引发凝胶化过程。凝胶化使得溶胶中的分子结构定向排列，形成具有良好机械性能和独特微观结构的凝胶体。最终，通过热处理或其他特定工艺，将凝胶体转变为具有期望性能的材料[3]。

溶胶-凝胶法的基本步骤包括溶胶的制备、凝胶的形成和凝胶的处理。首先，通过将溶质逐渐溶解在溶剂中，形成均匀的溶胶体系。这一过程中，溶质的种类和浓度对最终材料的性质起着关键作用，因此需要仔细选择和调控溶胶的组分。其次，在溶胶中引入适量的催化剂或调节剂，通过调控温度、pH 值等条件，促使溶胶中的溶质发生聚合或凝聚反应，逐渐形成凝胶。凝胶的结构和性质取决于溶胶的成分和制备条件，因此可以通过调节这些因素来实现对材料微观结构和宏观性能的定制化[4-5]。

## 3.3 材料表征及分析方法

本书中的材料制备完成后，进行晶体结构、微观形貌、热学、电学和电化学等方面的测试表征，主要用的方法有粉末 X 射线衍射（XRD）、扫描电子显微镜（SEM）、透射电子显微镜（TEM）、X 射线光电子能谱、热膨胀系数（TEC）测试、电导率四端子法和电化学交流阻抗等。

### 3.3.1 晶体结构表征与分析

粉末 X 射线衍射（powder X-ray diffraction，简称 PXRD）是一种广泛应用于材料科学、化学、生物学等领域的非常强大的晶体结构的表征与分析技术。该技术基于 X 射线与晶体中的原子结构相互作用的原理，通过测量衍射角和衍射强度，可以得到材料的晶体结构信息、晶体相对量、晶体尺寸等关键参数。

布拉格定律是粉末 X 射线衍射的基础，描述了 X 射线在晶体中的衍射条件。根据布拉格定律，当 $2d\sin\theta = n\lambda$（其中 $d$ 是晶面间距，$\theta$ 是衍射角，$n$ 是衍射级数，$\lambda$ 是 X 射线的波长）时，衍射现象就会发生。该定律揭示了衍射角和晶体结构之间的关系，为粉末 X 射线衍射实验提供了理论基础。粉末 X 射线衍射实验通常使用散射角 $2\theta$ 作为衍射角，通过测量不同 $2\theta$ 处的衍射强度，可以得到一系列衍射峰。这些衍射峰的位置和强度反映了晶体的结构信息。通过解析衍射图样，可以确定晶体的晶胞参数、结构、相对量等关键信息[6]。

采用 GSAS 软件对获得的 X 射线衍射数据进行 Rietveld 精修。GSAS 软件功能强大，被广泛应用于晶体学领域。Rietveld 精修通过拟合实验衍射数据和理论衍射模型，从而确定晶体结构。GSAS 提供了一套完整的算法，使研究人员能够进行高精确度的结构分析[7]。

Rietveld 精修是 GSAS 的核心功能之一，系统将实验衍射数据与理论模型进行比较，调整结构参数使理论模型与实验数据达到最佳匹配。GSAS 使用最小二乘法进行参数优化，同时考虑了衍射峰形状、背景衰减等因素。用户可以通过交互界面实时观察 Rietveld 拟合的结果，也可以通过脚本自动化整个过程。GSAS 提供了丰富的参数控制选项，使得用户能够灵活地调整精修过程中的各项参数，包括调整优化的权重因子、选择不同的峰形函数、考虑温度因素等[8]。

### 3.3.2 微观形貌表征与分析

#### 3.3.2.1 扫描电子显微镜

扫描电子显微镜（scanning electron microscope，简称 SEM）是一种基于电子束与样品相互作用产生信号来获取高分辨率图像的仪器。SEM 的基本原理是通过扫描电子束，利用样品表面所产生的次级电子、反射电子等信号来形成图像。在 SEM 中，电子枪发射出高能电子束，通过电磁透镜聚焦成细小的束斑，然后在样品表面扫描。样品表面与电子束发生相互作用，产生多种信号，包括二次电子、反射电子、散射电子等。这些信号被探测器捕捉并转化为图像，通过对图像进行分析，可以获得样品的表面形貌、结构和成分信息[9]。

在 SOFC 中，电极材料的表面形貌直接影响其电化学性能。SEM 可以帮助研究人员观察电极表面的微观结构，如颗粒分布、孔隙率等。这些信息对于优化电极设计和改进催化性能至关重要。电解质层是 SOFC 中的关键组件，其微观结构直接关系到电池的稳定性和性能。SEM 可用于研究电解质层的厚度、孔隙结构以及任何潜在的缺陷，为优化电解质制备工艺提供直观资料。在整个 SOFC 堆中，电池之间的界面会直接影响能量转换效率。SEM 可以用于研究电堆内部的微观界面结构，例如电极与电解质之间的黏附情况，为改进电堆的性能提供参考。

#### 3.3.2.2 透射电子显微镜

透射电子显微镜（transmission electron microscope，简称 TEM）是一种强大的高分辨率显微镜，其使用电子束而非可见光，能够深入观察物质的微观结构。透射电子显微镜的工作原理基于电子的波动性。电子束经过电子透镜系统后，穿过样品并与样品内的原子发生相互作用。这种相互作用引起了电子的散射，通过测量透射电子的位置和强度变化，可以得到样品的结构信息。由于电子波长比光波波长短得多，透射电子显微镜具有比光学显微镜更高的分辨率，可观察到更小尺度的细节。TEM 在材料科学、生物学等领域起着重要的作用[10]。

透射电子显微镜（TEM）作为一种强大的表征工具，在研究固体氧化物燃料电池阴极的微观结构和性质方面发挥着关键作用。固体氧化物燃料电池阴极通常由复杂的钙钛矿结构氧化物等组成，TEM 可以提供高分辨率的图像，揭示阴极材料的晶体结构、缺陷和界面性质。通过对阴极微观结构的深入研究，可以更好地理解其电催化活性和稳定性。TEM 不仅可以用于获取静态的微观结构信息，还可以应用于研究阴极材料在工作过程中的动态行为。通过采用原位 TEM 技术，研究者可以观察阴极材料在不同温度、压强和气氛条件下的变化，从而更全面地了解其在实际工作环境中的性能。阴极的催化活性直接影响固体氧化物燃料电池的性能。通过将 TEM 与其他分析技术结合，可以揭示阴极催化活性中心的位置、形貌和化学状态，这对于优化阴极催化活性以提高电池效率至关重要。

### 3.3.3 元素组成和化学态表征与分析

X 射线光电子能谱（X-ray photoelectron spectroscopy，简称 XPS）是一种广泛应用于固体表面和薄膜研究的表征技术。其基本原理是利用光电效应，通过测量材料中 X 射线光子与物质相互作用产生的电子能谱，提供有关材料电子结构和元素成分的详细信息。

XPS 的实验装置主要包括 X 射线源、光学系统、样品台、光电子能谱仪及数据分析系统。X 射线源产生高能 X 射线，光学系统将 X 射线聚焦并照射到样品表面。样品台用于放置样品，并可调整样品的角度和位置。光电子能谱仪测量从样品表面弹射出的光电子能谱，而数据分析系统用于处理和解释这些光电子能谱数据[11]。

在固体氧化物燃料电池（SOFC）的研究中，X 射线光电子能谱（XPS）技术的应用备受关注，尤其在阴极材料的表征与分析中，XPS 具有独特的优势。首先，XPS 可用于表面氧化还原过程的监测。通过在不同气氛中进行 XPS 测量，研究人员可以追踪阴极材料表面的氧化还原反应。这有助于了解材料在不同工作条件下的稳定性，为改进材料设计提供关键信息。其次，XPS 在分析阴极材料表面的元素分布方面具有独特的优势。通过优化元素的分布，研究人员能够改进阴极材料的组成，提高电池的效能和长期稳定性。另外，XPS 还被广泛应用于研究阴极表面的化学反应机理。通过分析 XPS 谱线的形状和位置变化，可以推断出化学反应的中间体和产物，从而深入理解阴极表面的电化学过程[12]。

### 3.3.4 热膨胀系数表征与分析

热膨胀系数测试是一种用于测量材料在温度变化下膨胀或收缩程度的实验方法。该测试的原理基于物质在受热时分子间距增大，从而导致材料膨胀的现象。热膨胀系数是一个描述材料在温度变化下膨胀或收缩程度的物理量[13]。

在进行热膨胀系数测试时，需要使用专门的仪器和设备，常见的测试仪器包括热膨胀仪、膨胀计和干涉仪等。热膨胀仪通过测量材料在不同温度下的长度变化来计算线膨胀系数，膨胀计则是通过测量体积的变化来得到相应参数，干涉仪利用光学原理来监测材料的尺寸变化。这些仪器的选择取决于实验的具体要求和材料的性质[14]。

在固体氧化物燃料电池（SOFC）研究领域，热膨胀系数测试是一项重要的实验手段，其在评估电池阴极材料的性能和稳定性方面发挥着关键作用。热膨胀系数测试基于材料对温度变化的响应，通过测量阴极材料在不同温度下的线膨胀或体膨胀，为电池材料的设计和优化提供基础数据。

### 3.3.5 电导率表征与分析

四端子法的基本原理是利用四个电极，将电流电极与电压电极分开，从而通过测量电压降和电流的比值来计算电导率。这四个电极包括两个电流电极和两个电压电极。电流电极用于注入电流，电压电极则用于测量电压降。通过将这两组电极分开放置，可以有效地消除电缆电阻对测量结果的干扰，使测试结果更为准确可靠。

四端子法的主要优点之一是能够消除连接电阻对电导率测量的影响。在传统的两端子法中，电流通过同一组电极注入和测量，这就意味着电缆电阻会对测量结果产生较大的影响；而四端子法通过使用两组独立的电极，能够有效地消除电缆电阻的影响。四端子法的适用范围非常广泛，可以用于测量各种材料的电导率，包括但不限于金属、半导体、电解质溶液等。四端子法是一种通用的电导率测试方法，适用于不同领域中的材料研究[15]。

### 3.3.6 电化学表征与分析

#### 3.3.6.1 交流阻抗测试

交流阻抗测试是一种广泛应用于电化学领域的测试技术，用于评估电路、电池和其他电子设备的性能。该技术通过测量交流电信号在被测试系统中的响应来分析系统的阻抗特性。交流阻抗测试在许多领域中都具有重要意义，包括电力系统、电动汽车、能源存储系统等。

交流阻抗测试的原理基于欧姆定律和交流电路的行为。在交流电路中，阻抗的大小和相位角取决于系统的电性质，如电阻、电感和电容。通过测量电压和电流的相位差和幅值，可以计算出系统的阻抗[16]。

交流阻抗测试的理论基础包括在电化学系统中施加交流电信号，然后测量系统响应。在 SOFC 中，这一测试方法可以用于分析阴极表面的反应、电子传导和氧离子传导等关键过程。为了更准确地解释实验结果，研究者通常采用等效电路模型，该模型包括电解质电阻、电极电阻、电容等，通过拟合实验数据，可以得到相关数据值，从而揭示相关电化学过程[17]。

#### 3.3.6.2 弛豫时间分布分析

交流阻抗是描述电化学系统响应交流电场性质的重要参数之一，能够提供关于阻抗的频率响应信息。在电化学领域，弛豫时间分布分析是研究交流阻抗谱的一种有效方法。弛豫时间分布分析可以帮助理解电极表面发生的各种电化学过程，并提供关于电化学界面的动力学信息。

交流阻抗是在外加交流电场下电极表面的电流响应，通常以电极电势与电流之间的相位差和幅值关系来描述。在弛豫时间分布分析中，人们关注的是电解质在电极表面的弛豫行为,即电流响应随时间的演变。这种弛豫行为通常由各种电化学过程引起,例如电解质在电极表面的吸附、扩散、反应等[18]。

弛豫时间分布分析的数学模型是理解和解释实验数据的关键。一般而言,可以使用复阻抗(impedance)表示交流阻抗,由实部和虚部组成。在弛豫时间分布分析中,引入弛豫时间分布函数来描述电化学系统的动态响应。弛豫时间分布分析方法通过对交流阻抗谱进行数学处理,能够将复杂的电化学过程分解为一系列弛豫时间,并定量描述这些过程在不同时间尺度上的贡献[19]。

### 3.3.6.3 全电池性能测试

为了探究所制备的钴基钙钛矿材料用于 SOFC 阴极时电池的输出性能,通常需要进行全电池的性能测试。将阳极、阴极和电解质材料组装成全电池,阴极置于空气环境中,阳极通氢气。测试不同温度下全电池的功率密度输出情况。测试电池性能的关键参数,包括开路电压、极化曲线、电流-电压特性等。此外,测试中还需要关注电池的寿命和稳定性。

## 参 考 文 献

[1] 董晓臣,刘斌. 材料制备原理与技术 [M]. 北京:科学出版社,2023.

[2] 杨玉平. 纳米材料制备与表征——理论与技术 [M]. 北京:科学出版社,2023.

[3] 李丽华,王鹏,张金生,等. 溶胶-凝胶法合成纳米材料研究进展 [J]. 化工新型材料,2019,47:19-23.

[4] HENCH L L, WEST J K. The sol-gel process [J]. Chemical Reviews, 1990, 90:33-72.

[5] 崔节虎,杜秀红. 功能材料制备及应用 [M]. 北京:冶金工业出版社,2023.

[6] 潘峰,王英华,陈超. X 射线衍射技术 [M]. 北京:化学工业出版社,2016.

[7] 郑振环,李强. X 射线多晶衍射数据 Rietveld 精修及 GSAS 软件入门 [M]. 北京:中国建材工业出版社,2016.

[8] 葛万银,秦毅. 粉末 X 射线衍射基础以及 GSAS 精修进阶 [M]. 西安:西安交通大学出版社,2023.

[9] 凌妍,钟娇丽,唐晓山,等. 扫描电子显微镜的工作原理及应用 [J]. 山东化工,2018,9:78-79.

[10] 董全林,蒋越凌,王玖玖,等. 简述透射电子显微镜发展历程 [J]. 电子显微学报,2022,41:685-688.

[11] 陈兰花,盛道鹏. X 射线光电子能谱分析(XPS)表征技术研究及其应用 [J]. 教育现代化,2018,1:180-182.

[12] 张素伟,姚雅萱,高慧芳,等. X 射线光电子能谱技术在材料表面分析中的应用 [J]. 计量科学与技术,2021,1:40-44.

[13] MILLER W, SMITH C W, MACKENZIE D S, et al. Negative thermal expansion: A review [J]. Journal of Materials Science, 2009, 44:5441-5451.

[14] DREBUSHCHAK V A. Thermal expansion of solids: Review on theories [J]. Journal of

Thermal Analysis and Calorimetry, 2020, 142: 1097-1113.

[15] 魏丽郦, 刘雪琪, 童雨竹, 等. 混合导电材料电导率的测试方法研究 [J]. 有色金属材料与工程, 2018, 39 (2): 1-5.

[16] 阮飞, 田震, 包金小. 电化学阻抗谱技术在质子导体中的应用 [J]. 内蒙古科技大学学报, 2018, 37: 321-325.

[17] 吴磊, 吕桃林, 陈启忠, 等. 电化学阻抗谱测量与应用研究综述 [J]. 电源技术, 2021, 45: 1227-1230.

[18] 江文涌, 杨铠聪, 王功伟, 等. 弛豫时间分布方法的原理与应用 [J]. 科学通报, 2023, 68: 3899-3912.

[19] 王佳, 黄秋安, 李伟恒, 等. 电化学阻抗谱弛豫时间分布基础 [J]. 电化学, 2020, 26: 607-627.

# 4 NdBa$_{0.5}$Ca$_x$Sr$_{0.5-x}$Co$_2$O$_{5+\delta}$($x=0, 0.25$) 阴极材料的制备与性能研究

## 4.1 引　　言

固体氧化物燃料电池（SOFC）因能源危机和环境污染等问题而受到广泛关注[1-2]。传统的 SOFC 系统通常在 800~1000 ℃下运行，这样的高温可能会给 SOFC 带来一些问题，如材料选择、电极和电解质之间的化学兼容性等[3-4]。许多研究者致力于降低 SOFC 的工作温度。降低工作温度可以扩展材料选择范围，降低成本，并有效提高 SOFC 系统的稳定性[5-6]。然而，降低工作温度将显著增加阴极极化电阻，导致 SOFC 输出性能衰减[7]。因此，研发在较低温度范围内具有优异电学和电化学性能的 SOFC 阴极至关重要。

最近，层状双钙钛矿 LnBaCo$_2$O$_{5+\delta}$（LnBCO，Ln 为 La、Pr、Nd、Sm 和 Gd）由于具有高的氧扩散系数和表面交换系数而作为 SOFC 阴极受到广泛关注[8-10]。这类钙钛矿氧化物在 $c$ 轴上具有[CoO$_2$]-[LnO]-[CoO$_2$]-[BaO]的层状结构[8]。氧离子的空位主要分布在 LnO 层中[9]。这些层状钙钛矿中氧空位的特殊分布增强了氧离子的扩散并为氧分子吸附提供了大量表面缺陷，有利于 SOFC 阴极的氧化还原反应（ORR）过程[11]。

此外，一些研究表明，在 LnBCO 钙钛矿中用 Sr 替代 Ba 可以显著改善其电学和电化学性能。在 YBa$_{1-x}$Sr$_x$Co$_2$O$_{5+\delta}$ 和 NdBa$_{1-x}$Sr$_x$Co$_2$O$_{5+\delta}$ 中掺杂 Sr 明显提高了电导率[12-13]。Kim 等研究发现，在 GdBa$_{1-x}$Sr$_x$Co$_2$O$_{5+\delta}$ 中掺杂 Sr 提高了稳定性和氧传导能力[14]。与未掺杂 Sr 的样品相比，SmBa$_{0.25}$Sr$_{0.75}$Co$_2$O$_{5+\delta}$ 具有更好的电化学性能[15]。然而，这些掺杂 Sr 的钙钛矿仍存在一些缺点，例如钴基阴极相对较大的热膨胀系数（TEC）[10,16]。因此，许多研究集中在使用过渡金属替代 Co，以降低钴基钙钛矿阴极的高 TEC 值[17-21]。但是，通过过渡金属替代 Co，会牺牲部分钴基钙钛矿的电学性能和电化学催化活性[22]。

此外，研究发现主体和掺杂剂之间尺寸差异的减小有助于降低掺杂元素的偏析程度，减少杂质形成，从而提高阴极表面稳定性，有利于其电学和电化学性能的提升[23-24]。因此，在本书中，研究了 Ca 掺杂对双钙钛矿 NdBa$_{0.5}$Sr$_{0.5}$Co$_2$O$_{5+\delta}$ 的晶体结构、热学、电学及电化学性能的影响，以评估其作为 SOFC 阴极材料的潜在价值。

## 4.2 样品的制备

### 4.2.1 $NdBa_{0.5}Ca_xSr_{0.5-x}Co_2O_{5+\delta}$（$x=0$，0.25）样品的制备

$NdBa_{0.5}Ca_xSr_{0.5-x}Co_2O_{5+\delta}$（$x=0$，0.25）双钙钛矿材料通过溶胶-凝胶法合成。按照化学计量比依次称量 $Nd(NO_3)_3$、$Ba(NO_3)_2$、$Sr(NO_3)_2$、$Co(NO_3)_2 \cdot 6H_2O$、$Ca(NO_3)_2 \cdot 4H_2O$，并依次将其加入去离子水中，磁力搅拌，充分溶解。然后按照金属离子与柠檬酸 1∶1.5 的摩尔比加入柠檬酸，经过充分加热搅拌 10 min 后，再加入适量的聚乙二醇（PEG），加热搅拌 15 min 后，将形成的透明溶胶转移至陶瓷蒸发皿中。然后将溶液在 70 ℃ 下水浴 24 h。随后，将所得凝胶在 600 ℃ 下煅烧 3 h。最后，粉末材料在 1000 ℃、空气条件下烧结 10 h 后得到纯相样品。

### 4.2.2 $NdBa_{0.5}Ca_xSr_{0.5-x}Co_2O_{5+\delta}$（$x=0$，0.25）致密样品的制备

首先，将适量的 $NdBa_{0.5}Sr_{0.5}Co_2O_{5+\delta}$（NBSC）和 $NdBa_{0.5}Ca_{0.25}Sr_{0.25}Co_2O_{5+\delta}$（NBCSC）阴极粉末分别置于 4 个玛瑙研钵中。随后，分别添加 2~3 滴聚乙烯醇溶液作为黏合剂，充分研磨 15 min。接着，将粉末样品在 30 MPa 的压强下压制成长×宽×高为 5 mm×5 mm×25 mm 的长条状。要求样品表面光滑、无裂纹。随后，将压制好的样品置于冷等静压机中，以水作为传压介质，在 270 MPa 的压强下保持约 15 min。之后，取出样品，放入马弗炉中，在 1000 ℃ 下烧结 12 h。冷却至室温后，取出样品，通过排水法测得致密样品的致密度均在 90% 以上。制备的致密样品用于直流电导率和热膨胀系数的测试。

### 4.2.3 $Ce_{0.8}Sm_{0.2}O_{2-\delta}$（SDC）电解质的制备

电解质材料 SDC 采用溶胶-凝胶法制备。首先，按照产物化学式，准确称量 $Ce(NO_3)_3 \cdot 6H_2O$ 和 $Sm_2O_3$ 两种试剂，其中 $Ce(NO_3)_3 \cdot 6H_2O$ 溶解于适量去离子水中，形成 $Ce(NO_3)_3$ 溶液。然后加入 $Sm_2O_3$，在磁力加热搅拌器上加热搅拌并滴加硝酸溶液，直至完全溶解形成 $Sm(NO_3)_3$ 和 $Ce(NO_3)_3$ 的混合溶液，继续加热搅拌 10 min。

按照金属离子与柠檬酸 1∶1.5 的摩尔比加入柠檬酸，经过充分加热搅拌 10 min 后，再加入适量的聚乙二醇（PEG），充分加热搅拌 15 min 后，将形成的透明溶胶转移至陶瓷蒸发皿中。在 70 ℃ 下水浴 20 h 后，得到多孔泡沫状的干凝胶。将此干凝胶在电炉中煅烧约 15 min，去除大部分有机物，得到淡黄色粉末前驱体。

将粉末转移到刚玉瓷舟中，置于管式炉中以 600 ℃ 煅烧 16 h，以完全清除样品中的剩余有机物。冷却至室温后，取出粉末样品，放入玛瑙研钵中充分研磨 30 min，随后加入 2~3 滴聚乙烯醇溶液作为黏合剂，仔细研磨 15 min。然后，将粉末样品在 30 MPa 的压强下压成直径 15 mm、厚约 1 mm 的薄片。

利用冷等静压机，以水作为传压介质，对压制好的样品施加 270 MPa 的压强，保持约 15 min。随后，将样品转移到马弗炉中，在 1400 ℃ 下烧结 10 h。冷却至室温后，取出样品，用排水法测得其致密度达 90% 以上。最终得到的 SDC 致密片可用于电池的制备。

### 4.2.4 对称电池的制备

电化学交流阻抗的测试采用了阴极｜电解质｜阴极的对称半电池构型。首先，取适量的 NBSC 和 NBCSC 阴极粉末材料分别置于研钵中，随后加入适量的黏合剂（质量比为 97：3 的松油醇与乙基纤维素混合物），经过充分研磨后，获得了分散均匀的阴极浆料。通过丝网印刷技术，将制备好的阴极浆料对称地印刷在已烧结致密的 SDC 电解质片的两侧，见图 4-1。随后，将制备好的对称电池放入 80 ℃ 的烘箱中烘干 15 min，然后转移到箱式炉中，在 1000 ℃ 烧结 2 h，最后冷却至室温，对称电池制备完成，用于电化学交流阻抗测试。

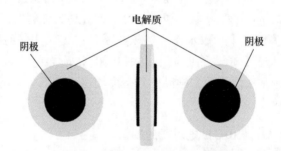

图 4-1　对称电池结构示意图

### 4.2.5 全电池的制备

阳极支撑的全电池的结构如图 4-2 所示。以 6：4 的质量比混合 NiO 与 SDC 后得到 NiO-SDC 阳极粉末，在压片机下将 NiO-SDC 与作为电解质层的 SDC 在 200 MPa 的压强下共压制得到 NiO-SDC｜SDC 阳极支撑半电池。在阳极支撑半电池另一侧丝网印刷阴极浆料，最终得到 NiO-SDC｜SDC｜阴极构型单电池用于功率测试。

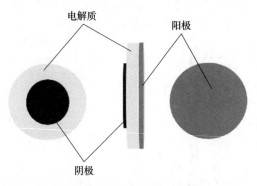

图 4-2　全电池结构示意图

## 4.3　X 射线衍射分析

采用粉末 X 射线衍射对所制备的 NBSC 和 NBCSC 阴极材料进行测试。所使用的仪器为德国 Bruker D8 Focus 型 X 射线粉末衍射仪，采用 Cu 靶 $K\alpha$ 辐射（$\lambda$ = 0.15406 nm），工作电流为 40 mA，工作电压为 40 kV。数据的采集方式为步进式扫描，扫描步长为 0.02°，每步停留时间为 0.5 s，扫描范围为 20°~80°。

图 4-3 为室温下 NBSC 和 NBCSC 阴极材料的粉末 X 射线衍射图谱，可以看出，Ca 掺杂后，主衍射峰向高角度偏移。说明 Ca 掺杂后晶胞体积减小，这归因于 $Ca^{2+}$ 的离子半径为 0.134 nm，小于 $Sr^{2+}$ 的离子半径 0.144 nm。图 4-4 为 NBSC 和 NBCSC 阴极材料粉末 XRD 的 Rietveld 精修图谱，从图中可以看出计算得到的衍射图谱与实验测得的衍射图谱非常吻合。

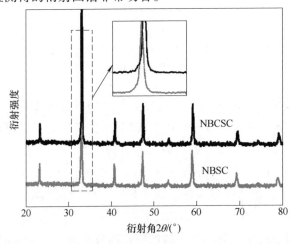

图 4-3　NBSC 和 NBCSC 在室温下的粉末 XRD 衍射图谱

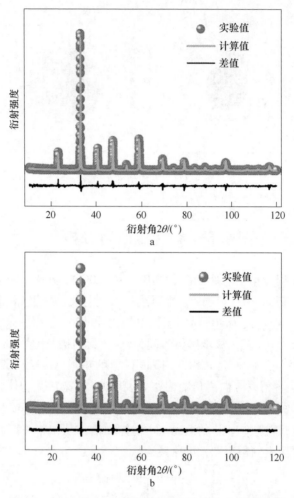

图 4-4　NBSC 和 NBCSC 样品 XRD 的 Rietveld 精修图谱
a—NBSC；b—NBCSC

Rietveld 精修是一种在初始的结构模型和结构参数的基础上，对晶胞参数、原子位置、占有率以及键长和键角等结构信息进行进一步修正的方法。在 Rietveld 精修的过程中，可变动的参数大致分为两类：第一类是结构参数，包括晶胞参数、原子的各向同性（或各向异性）温度因子、原子位置以及占有率等；第二类是峰型参数，包括峰高参数、峰宽参数、不对称参数、择优取向参数以及零位校正等。

Rietveld 精修过程中，对结构参数的修正涉及晶胞的几何参数，如晶胞长度、角度等，以及原子的位置和占有率。调整这些参数是为了使模拟的 X 射线衍射图谱与实测的 X 射线衍射图谱吻合得更好。另外，峰型参数的调整包括峰的形状、高度、宽度等，以提高拟合的精度。这些参数的变动在 Rietveld 精修过程中相互关联，需要通过迭代的方法来不断调整，以最小化实测和模拟之间的差异。

值得注意的是，Rietveld 精修的成功与否不仅取决于参数的调整，还与初始模型的选择和实验数据的质量密切相关。在进行 Rietveld 精修之前，需要确保初始的结构模型和参数具有合理性和可靠性，同时需要对实验数据进行仔细的处理和分析，以尽量排除可能的误差。整个 Rietveld 精修过程是严谨而复杂的数学优化，需要充分利用计算机算法和数值优化方法，以获得精确而可靠的晶体结构信息。

Rietveld 精修所得到的晶格常数和晶胞体积列于表 4-1 中，从表中可以看出，Ca 掺杂后，依然保持四方结构，但是晶格常数和晶胞体积均减小，与前面 XRD 衍射峰的偏移吻合。

表 4-1　NBSC 和 NBCSC 样品 XRD 的 Rietveld 精修结果

| 样品 | 空间群 | $a$/nm | $b$/nm | $c$/nm | $V$/nm$^3$ |
| --- | --- | --- | --- | --- | --- |
| NBSC | $P4/mmm$ | 0.3852（3） | 0.3852（3） | 0.7680（8） | 0.11398（5） |
| NBCSC | $P4/mmm$ | 0.3830（1） | 0.3830（1） | 0.7668（2） | 0.11249（0） |

## 4.4　化学兼容性分析

固体氧化物燃料电池的阴极材料与固体电解质材料的兼容性包括两个方面：一方面是物理兼容性，即阴极材料和固体电解质材料的热膨胀系数要匹配；另一方面是化学兼容性，即阴极材料与固体电解质材料两者之间不发生化学反应。本书分别将 NBSC 和 NBCSC 阴极材料的粉末样品和 SDC 电解质材料粉末样品按 1∶1 的质量比均匀混合并在玛瑙研钵内充分研磨之后，在 1000 ℃下进行了 6 h 的高温烧结，冷却至室温后将两者的混合粉末样品取出，进行 XRD 测试，检测阴极材料和电解质材料之间是否有因化学反应而产生的杂质相，以研究该系列阴极材料与常用的固体电解质材料 SDC 之间的化学兼容性。

图 4-5 显示了 NBSC 和 NBCSC 分别与 SDC 混合并在 1000 ℃烧结后的 X 射线衍射结果，可以看出，所有的 X 射线衍射峰都可以归属为 NBSC 和 NBCSC 或 SDC，没有观察到新的衍射峰出现，表明 NBSC 和 NBCSC 阴极材料与 SDC 电解质材料之间不存在化学反应。

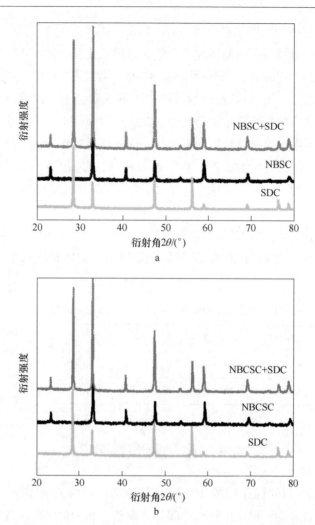

图 4-5　NBSC 和 NBCSC 分别与 SDC 混合并在 1000 ℃ 烧结后的 XRD 图谱
a—NBSC；b—NBCSC

## 4.5　X 射线光电子能谱分析

采用 X 射线光电子能谱（XPS）技术，系统考察了双钙钛矿中钴（Co）和氧（O）的化合价。如图 4-6 所示为 NBSC 和 NBCSC 中 Co 2p 的 XPS 图谱。两个样品的 Co 2p 的 XPS 图谱均可以分解为三部分，分别对应于 $Co^{2+}$、$Co^{3+}$ 和 $Co^{4+}$。不同价态的 Co 离子的含量详见表 4-2，从表中数据可知大多数 Co 离子呈现为 $Co^{3+}$。部分 $Co^{2+}$ 和 $Co^{4+}$ 来源于 $Co^{3+}$ 发生的歧化反应，即 $2Co^{3+} \rightleftharpoons Co^{2+} + Co^{4+}$。计算得到的 NBSC 和 NBCSC 中 Co 平均氧化价分别为 +2.99 和 +3.08，相应的氧含量（5+δ）分别为 5.49 和 5.58。

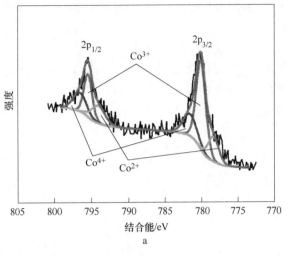

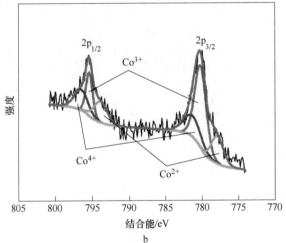

图 4-6 彩图

图 4-6 NBSC 和 NBCSC 中 Co 2p 的 XPS 图谱
a—NBSC；b—NBCSC

表 4-2 NBSC 和 NBCSC 中不同价态 Co 离子和不同类型氧的含量

| 样品 | $Co^{2+}$ 含量/% | $Co^{3+}$ 含量/% | $Co^{4+}$ 含量/% | $O_L$ 含量/% | $O_A$ 含量/% | $O_M$ 含量/% |
| --- | --- | --- | --- | --- | --- | --- |
| NBSC | 23.29 | 53.54 | 23.17 | 7.52 | 68.82 | 23.66 |
| NBCSC | 17.07 | 57.28 | 25.65 | 8.47 | 78.14 | 13.39 |

如图 4-7 所示为 NBSC 和 NBCSC 中 O 1s 的 XPS 图谱。两个样品的 O 1s 的 XPS 图谱可以分解为三部分，分别对应于晶格氧（$O_L$）、吸附氧（$O_A$）和材料表

面吸附的水分（$O_M$）。如图 4-7a 和图 4-7b 所示，$O_L$、$O_A$ 和 $O_M$ 的结合能分别位于 528.8 eV、531.6 eV 和 533.1 eV 处[25-26]。$O_L$、$O_A$ 和 $O_M$ 的含量列于表 4-2 中。在这三种类型氧中，$O_A$ 在 NBSC 和 NBCSC 中均占比比较大，分别高达 68.82% 和 78.14%。这与文献中关于这类层状钙钛矿氧化物通常具有高吸附氧含量的报道一致[27]。众所周知，吸附氧的含量与材料中氧缺陷的浓度密切相关[28]。NBCSC 中较高的吸附氧含量表明其具有较高的氧空位浓度，也说明了 Ca 掺杂能够促进 NBCSC 中氧空位的生成。

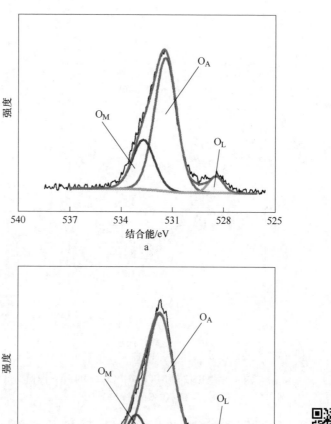

图 4-7 NBSC 和 NBCSC 中 O 1s 的 XPS 图谱
a—NBSC；b—NBCSC

## 4.6 热重分析

图 4-8 展示了在 30~800 ℃ 范围内 NBSC 和 NBCSC 的热重曲线。两者的热重曲线均在约 250 ℃ 出现一个拐点。在拐点之前，样品的质量损失与两个样品中的水分蒸发有关。随着温度升高至 250 ℃ 后，材料中的晶格氧逐渐流失，导致样品质量持续减小[29]。此外，整个 30~800 ℃ 范围内，NBCSC 的质量损失均小于 NBSC，表现出更佳的热稳定性。这一差异归因于当 $Sr^{2+}$ 被较小的 $Ca^{2+}$ 部分取代时，晶胞体积收缩，金属离子和氧离子之间的结合能增强，使材料的结构更加稳定。

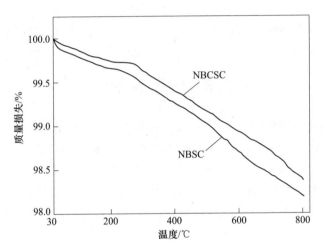

图 4-8　NBSC 和 NBCSC 在 30~800 ℃ 范围内的热重曲线

## 4.7 热膨胀分析

图 4-9 展示了在 30~800 ℃、空气条件下，NBSC 和 NBCSC 的热膨胀曲线。两者的热膨胀曲线随温度的增加均近乎呈现线性变化。在 30~800 ℃ 范围内，NBCSC 的线膨胀系数为 $19.8 \times 10^{-6}$ $K^{-1}$，低于 NBSC 的线膨胀系数（$23.3 \times 10^{-6}$ $K^{-1}$）。值得注意的是，NBSC 的热膨胀曲线在约 450 ℃ 处呈现出明显的转折点。这是由于 NBSC 中晶格氧的减少，同时伴随着 $Co^{4+}$ 还原为 $Co^{3+}$。众所周知，钴基双钙钛矿氧化物通常具有较大的热膨胀系数值，这是由于在较高温度下形成了离子半径相对较大的 $Co^{3+}$ 以及 $Co^{3+}$ 自旋态的转变[30]。

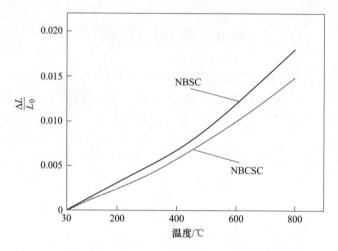

图 4-9　NBSC 和 NBCSC 在 30~800 ℃、空气条件下的热膨胀曲线

## 4.8　电导率分析

图 4-10 展示了 NBSC 和 NBCSC 阴极材料在 50~800 ℃ 范围内的电导率随温度变化曲线。随着温度升高，NBSC 和 NBCSC 的电导率均呈下降趋势，表现出金属的导电行为。这与一些报道的钴基层状双钙钛矿的导电行为相一致，例如 $SmBa_{1-x}Sr_xCo_2O_{5+\delta}$[15] 和 $PrBa_{1-x}Sr_xCo_2O_{5+\delta}$[31]。在 NBSC 和 NBCSC 中，电子主要通过 Co—O—Co 路径传输。由于晶格氧的流失导致氧空位的形成，破坏了有序排

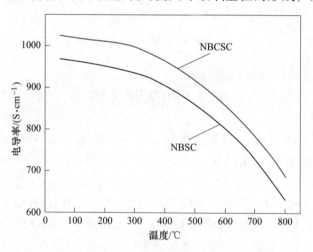

图 4-10　NBSC 和 NBCSC 的电导率随温度变化曲线

列的 Co—O—Co 传输路径并引起载流子局域化[32]。此外，$Co^{4+}$ 的还原将减少电荷载流子浓度。因此，NBSC 和 NBCSC 的电导率随温度升高而降低。这一过程可以表示为[33]：

$$2Co_{Co}^{·} + O_O^{x} \rightleftharpoons 2Co_{Co}^{x} + V_O^{··} + \frac{1}{2}O_2$$

由图 4-10 可以看出，50~800 ℃ 范围内，NBCSC 的电导率高于 NBSC，这主要是因为 $Ca^{2+}$ 部分取代 $Sr^{2+}$ 导致晶胞体积减小，增强了 O 2p 轨道和 Co 3d 轨道之间的重叠，从而有利于电子通过 Co—O—Co 路径传输。NBSC 和 NBCSC 的电导率分别在 635~967 S/cm 和 690~1023 S/cm 范围内变化。这两种材料的电导率均远高于固体氧化物燃料电池阴极应用所需的电导率（100 S/cm）[34]。

## 4.9 电化学阻抗分析

为了表征 NBSC 和 NBCSC 阴极材料的电催化活性，本书测量了 NBSC｜SDC｜NBSC 和 NBCSC｜SDC｜NBCSC 对称电池的电化学阻抗谱（EIS）。如图 4-11 所示为 650~800 ℃ 范围内 NBSC 和 NBCSC 的 EIS 曲线。EIS 曲线在实轴上的高频和低频交点处的截距通常被认为是阴极的极化电阻。由图 4-11 可以看出，随着温度的升高，两个样品的极化电阻均呈下降趋势。Ca 掺杂的 NBCSC 在整个温度范围内的极化电阻均低于 NBSC，表明 NBCSC 具有更优异的电化学性能。在 700 ℃ 时，NBCSC 的极化电阻为 0.13 $\Omega \cdot cm^2$，满足文献中报道的 SOFC 阴极的极化电阻的要求[35]；并且低于相同条件下文献报道的其他钴基双钙钛矿材料的极化电阻值，例如 $YBa_{1.8}Sr_{0.2}Co_2O_{5+\delta}$（0.21 $\Omega \cdot cm^2$）[12] 和 $PrBaCo_{1.7}Mn_{0.3}O_{5+\delta}$（0.81 $\Omega \cdot cm^2$）[36]。

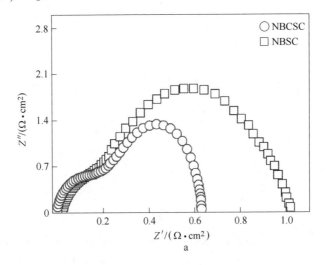

a

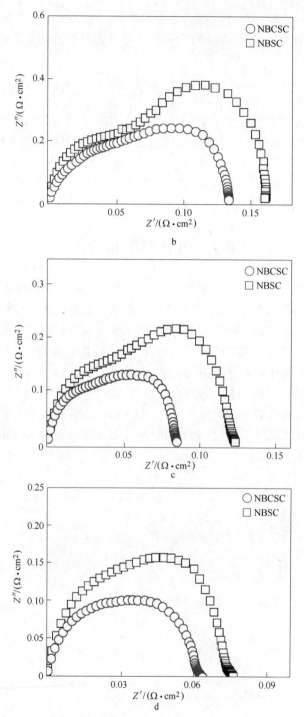

图 4-11 NBSC 和 NBCSC 的 EIS 曲线
a—650 ℃；b—700 ℃；c—750 ℃；d—800 ℃

## 4.10 扫描电子显微镜分析

如图 4-12 所示为 NBSC｜SDC｜NBSC 和 NBCSC｜SDC｜NBCSC 对称电池截面的 SEM 图像。从图 4-12 中可以很清楚地看出电极层为疏松结构，这种结构有利于氧气的扩散，而电解质层非常致密，以阻止氧气扩散，只允许在电极上吸附解离后的氧离子在其中扩散传输；电极层和电解质层接触得非常好，没有明显的裂痕。值得注意的是，在 Ca 掺杂和未掺杂的样品之间，微观结构上并无显著差异，这表明材料电化学性能的提升与电极微观结构的变化无直接关系。

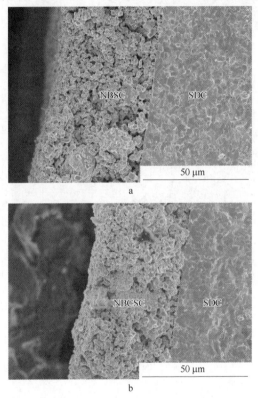

图 4-12 NBSC 和 NBCSC 对称电池截面的 SEM 图像
a—NBSC；b—NBCSC

## 4.11 全电池性能分析

如图 4-13 所示为以 $H_2$ 为燃料气体、空气为氧化剂气体，在 650~800 ℃ 范围内测得的全电池输出性能。NiO-SDC｜SDC｜SDC-NBSC 单电池在 800 ℃ 时的最大

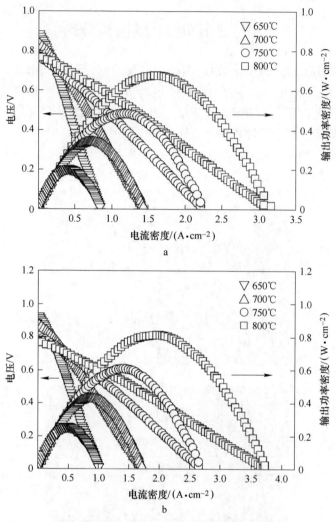

图 4-13　NBSC 和 NBCSC 全电池输出性能
a—NBSC；b—NBCSC

输出功率密度达到了 0.668 W/cm², 而 NiO-SDC｜SDC｜SDC-NBCSC 单电池最大输出功率密度达到了 0.812 W/cm²。两种电池的输出功率密度并不如预期的那么高，分析其性能相对较低的原因主要有两个：（1）电池性能较低与 SDC 电解质的应用有关。众所周知，在高温下，由于在阳极燃料条件下 $Ce^{4+}$ 的还原，SDC 电解质的电子导电性增加，致使开路电压（OCV）在较高温度下降低，从而导致能量损失[37-38]。因此，当操作温度从 650 ℃ 升至 800 ℃，使用 NBCSC 作为阴极的全电池的开路电压从 0.91 V 降低到 0.77 V。这一趋势与基于 SDC 电解质热力学平衡的开路电压的理论分析一致[39]。（2）有报道称，层状双钙钛矿阴极表面的

Ba 偏析对固体氧化物燃料电池的性能有很大影响[40-41]。通常将环境空气用作 SOFC 的阴极气体，而空气中的 $CO_2$ 会对含有碱土金属元素的双钙钛矿阴极的性能产生重要影响。研究表明，$CO_2$ 会与经退火后暴露的 BaO 终止表面发生反应，导致在层状钙钛矿表面形成 $BaCO_3$[42-43]。在 NBSC 和 NBCSC 阴极表面形成 $BaCO_3$ 会阻塞阴极通道从而抑制氧的扩散，导致电池性能的衰减。在相同温度下，NBCSC 比一些报道的钴基双钙钛矿阴极表现更好，例如 $PrBaCo_{1.7}Mn_{0.3}O_{5+\delta}$（253.0 $mW/cm^2$）[44]和 $Pr_{0.9}Ca_{0.1}BaCo_2O_{5+\delta}$（646.5 $mW/cm^2$）[45]。因此，Ca 掺杂的钙钛矿 NBCSC 是一种具有应用前景的 SOFC 阴极材料。

## 4.12 本章小结

在本章中，对 Ca 掺杂的双钙钛矿氧化物 $NdBa_{0.5}Sr_{0.25}Ca_{0.25}Co_2O_{5+\delta}$ 进行了测试表征，对其作为固体氧化物燃料电池（SOFC）潜在的阴极材料进行了研究分析。Ca 掺杂使线膨胀系数从 NBSC 的 $23.3\times10^{-6}$ $K^{-1}$ 降低到 NBCSC 的 $19.8\times10^{-6}$ $K^{-1}$。Ca 掺杂显著提高了电导率和电化学性能。50~800 ℃范围内，NBCSC 的电导率在 690~1023 S/cm 范围内变化。800 ℃时，在 NBCSC 中用 Ca 替代 Sr 可以将极化电阻从 0.077 $\Omega \cdot cm^2$ 降低到 0.062 $\Omega \cdot cm^2$，同时最大输出功率密度从 0.668 $W/cm^2$ 增加到 0.812 $W/cm^2$。基于以上研究结果，得出结论：Ca 掺杂的双钙钛矿氧化物 NBCSC 是一种性能较好的 SOFC 阴极材料，具有一定应用前景。

## 参 考 文 献

[1] ATKINSON A, BARNETT S, GORTE R J, et al. Advanced anodes for high-temperature fuel cells [J]. Nature Materials, 2004, 3: 17-27.

[2] STEELE B C H, HEINZEL A. Materials for fuel-cell technologies [J]. Nature, 2001, 414: 345-352.

[3] SHAO Z, HAILE S M. A high-performance cathode for the next generation of solid-oxide fuel cells [J]. Nature, 2004, 431: 170-173.

[4] BRETT D J, ATKINSON A, BRANDON N P, et al. Intermediate temperature solid oxide fuel cells [J]. Chemical Society Reviews, 2008, 37 (8): 1568-1578.

[5] SHAO Z, TADE M O. Intermediate-temperature solid oxide fuel cells [M]. Berlin: Springer, 2016.

[6] ALZAHRANI A, DINCER I, LI X. A performance assessment study on solid oxide fuel cells for reduced operating temperatures [J]. International Journal of Hydrogen Energy, 2015, 40 (24): 7791-7797.

[7] BRANDON N P, SKINNER S, STEELE B C H. Recent advances in materials for fuel cells [J]. Annual Review of Materials Research, 2003, 33 (1): 183-213.

[8] PELOSATO R, CORDARO G, STUCCHI D, et al. Cobalt based layered perovskites as cathode

material for intermediate temperature solid oxide fuel cells: A brief review [J]. Journal of Power Sources, 2015, 298: 46-67.

[9] KIM J H, MANTHIRAM A. Layered LnBaCo$_2$O$_{5+\delta}$ perovskite cathodes for solid oxide fuel cells: An overview and perspective [J]. Journal of Materials Chemistry A, 2015, 3 (48): 24195-24210.

[10] TARANCÓN A, PEÑA-MARTÍNEZ J, MARRERO-LÓPEZ D, et al. Stability, chemical compatibility and electrochemical performance of GdBaCo$_2$O$_{5+\delta}$ layered perovskite as a cathode for intermediate temperature solid oxide fuel cells [J]. Solid State Ionics, 2008, 179 (40): 2372-2378.

[11] TASKIN A A, LAVROV A N, ANDO Y. Achieving fast oxygen diffusion in perovskites by cation ordering [J]. Applied Physics Letters, 2005, 86 (9): 091910-091913.

[12] MENG F, XIA T, WANG J, et al. Evaluation of layered perovskites YBa$_{1-x}$Sr$_x$Co$_2$O$_{5+\delta}$ as cathodes for intermediate-temperature solid oxide fuel cells [J]. International Journal of Hydrogen Energy, 2014, 39 (9): 4531-4543.

[13] YOO S, CHOI S, KIM J, et al. Investigation of layered perovskite type NdBa$_{1-x}$Sr$_x$Co$_2$O$_{5+\delta}$ ($x$ = 0, 0.25, 0.5, 0.75, and 1.0) cathodes for intermediate-temperature solid oxide fuel cells [J]. Electrochimica Acta, 2013, 100: 44-50.

[14] KIM J H, PRADO F, MANTHIRAM A. Characterization of GdBa$_{1-x}$Sr$_x$Co$_2$O$_{5+\delta}$ ($0 \leq x \leq 1.0$) double perovskites as cathodes for solid oxide fuel cells [J]. Journal of the Electrochemical Society, 2008, 155 (10): B1023-B1028.

[15] JUN A, KIM J, SHIN J, et al. Optimization of Sr content in layered SmBa$_{1-x}$Sr$_x$Co$_2$O$_{5+\delta}$ perovskite cathodes for intermediate-temperature solid oxide fuel cells [J]. International Journal of Hydrogen Energy, 2012, 37 (23): 18381-18388.

[16] CHOI S, YOO S, KIM J, et al. Highly efficient and robust cathode materials for low-temperature solid oxide fuel cells: PrBa$_{0.5}$Sr$_{0.5}$Co$_{2-x}$Fe$_x$O$_{5+\delta}$ [J]. Scientific Reports, 2013, 3: 24-26.

[17] KIM J, JUN A, SHIN J, et al. Effect of Fe doping on layered GdBa$_{0.5}$Sr$_{0.5}$Co$_2$O$_{5+\delta}$ perovskite cathodes for intermediate temperature solid oxide fuel cells [J]. Journal of the American Ceramic Society, 2014, 97 (2): 651-656.

[18] ZHAO L, NIAN Q, HE B, et al. Novel layered perovskite oxide PrBaCuCoO$_{5+\delta}$ as a potential cathode for intermediate-temperature solid oxide fuel cells [J]. Journal of Power Sources, 2010, 195 (2): 453-456.

[19] PARK S, CHOI S, SHIN J, et al. Tradeoff optimization of electrochemical performance and thermal expansion for Co-based cathode material for intermediate-temperature solid oxide fuel cells [J]. Electrochimica Acta, 2014, 125: 683-690.

[20] XIA L N, HE Z P, HUANG X W, et al. Synthesis and properties of SmBaCo$_{2-x}$Ni$_x$O$_{5+\delta}$ perovskite oxide for IT-SOFC cathodes [J]. Ceramics International, 2016, 42 (1): 1272-1280.

[21] KONG X, SUN H, YI Z, et al. Manganese-rich SmBaCo$_{2-x-y}$Mn$_x$Mg$_y$O$_{5+\delta}$ ($x$ = 0.5, 1, 1.5 and $y$ = 0.05, 0.1) with stable structure and low thermal expansion coefficient as cathode materials

for IT-SOFCs [J]. Ceramics International, 2017, 43 (16): 13394-13400.

[22] KIM J, CHOI S, PARK S, et al. Effect of Mn on the electrochemical properties of a layered perovskite NdBa$_{0.5}$Sr$_{0.5}$Co$_{2-x}$Mn$_x$O$_{5+\delta}$ ($x$ = 0, 0.25, and 0.5) for intermediate-temperature solid oxide fuel cells [J]. Electrochimica Acta, 2013, 112: 712-718.

[23] LEE W, HAN J W, CHEN Y, et al. Cation size mismatch and charge interactions drive dopant segregation at the surfaces of manganite perovskites [J]. Journal of the American Ceramic Society, 2013, 135 (21): 7909-7925.

[24] YAO C, MENG J, LIU X, et al. Effects of Bi doping on the microstructure, electrical and electrochemical properties of La$_{2-x}$Bi$_x$Cu$_{0.5}$Mn$_{1.5}$O$_6$ ($x$ = 0, 0.1 and 0.2) perovskites as novel cathodes for solid oxide fuel cells [J]. Electrochimica Acta, 2017, 229: 429-437.

[25] YAO C, BAI Y, MENG J, et al. Electrical and electrochemical properties of SrBiMTiO$_6$ (M = Fe, Mn, Cr) as potential cathodes for solid oxide fuel cells [J]. Ionics, 2015, 21: 2269-2276.

[26] BATIS N H, DELICHERE P, BATIS H. Physicochemical and catalytic properties in methane combustion of La$_{1-x}$Ca$_x$MnO$_{3\pm y}$ ($0 \leq x \leq 1$; $-0.04 \leq y \leq 0.24$) perovskite-type oxide [J]. Applied Catalysis A: General, 2005, 282 (1/2): 173-180.

[27] KIM G, WANG S, JACOBSON A J, et al. Oxygen exchange kinetics of epitaxial PrBaCo$_2$O$_{5+\delta}$ thin films [J]. Applied Physics Letters, 2006, 88 (2): 4791.

[28] AKSENOVA T V, GAVRILOVA L Y, YAREMCHENKO A A, et al. Oxygen nonstoichiometry, thermal expansion and high-temperature electrical properties of layered NdBaCo$_2$O$_{5+\delta}$ and SmBaCo$_2$O$_{5+\delta}$ [J]. Material Research Bulletin, 2010, 45 (9): 1288-1292.

[29] KIM G, WANG S, JACOBSON A J, et al. Rapid oxygen ion diffusion and surface exchange kinetics in PrBaCo$_2$O$_{5+x}$ with a perovskite related structure and ordered A cations [J]. Journal of Materials Chemistry, 2007, 17 (24): 2500-2505.

[30] MORI M, SAMMES N M. Sintering and thermal expansion characterization of Al-doped and Co-doped lanthanum strontium chromites synthesized by the Pechini method [J]. Solid State Ionics, 2002, 146 (3/4): 301-312.

[31] PARK S, CHOI S, KIM J, et al. Strontium doping effect on high-performance PrBa$_{1-x}$Sr$_x$Co$_2$O$_{5+\delta}$ as a cathode material for IT-SOFCs [J]. Ecs Electrochemistry Letters, 2014, 1 (5): F29-F32.

[32] TAKAHASHI H, MUNAKATA F, YAMANAKA M, et al. Ab initio study of the electronic structures in LaCoO$_3$-SrCoO$_3$ systems [J]. Physical Review B, 1998, 57 (24): 15211-15218.

[33] SUBARDI A, LIAO K Y, FU Y P. Oxygen permeation, thermal expansion behavior and electrochemical properties of LaBa$_{0.5}$Sr$_{0.5}$Co$_2$O$_{5+\delta}$ cathode for SOFCs [J]. RSC Advances, 2017, 7: 14487-14495.

[34] CARTER S, SELCUK A, CHATER R J, et al. Oxygen transport in selected nonstoichiometric perovskite-structure oxides [J]. Solid State Ionics, 1992, 53: 597-605.

[35] STEELE B C H. Survey of materials selection for ceramic fuel cells II. Cathodes and anodes [J]. Solid State Ionics, 1996, 86-88: 1223-1234.

[36] JIANG L, WEI T, ZENG R, et al. Thermal and electrochemical properties of PrBa$_{0.5}$Sr$_{0.5}$Co$_{2-x}$Fe$_x$O$_{5+\delta}$ ($x$ = 0.5, 1.0, 1.5) cathode materials for solid-oxide fuel cells [J].

Journal of Power Sources, 2013, 232: 279-285.

[37] ZHU C, LIU X, YI C, et al. Novel BaCo$_{0.7}$Fe$_{0.3-y}$Nb$_y$O$_{3-\delta}$ ($y$ = 0-0.12) as a cathode for intermediate temperature solid oxide fuel cell [J]. Electrochemistry Communications, 2009, 11 (5): 958-961.

[38] ZHANG X, ROBERTSON M, DECÊS-PETIT C, et al. Internal shorting and fuel loss of a low temperature solid oxide fuel cell with SDC electrolyte [J]. Journal of Power Sources, 2007, 164 (2): 668-677.

[39] ZHA S W, XIA C R, MENG G Y. Calculation of the e.m.f. of solid oxide fuel cells [J]. Journal of Applied Electrochemistry, 2001, 31: 93-98.

[40] TOMKIEWICZ A C, MELONI M, MCINTOSH S. On the link between bulk structure and surface activity of double perovskite based SOFC cathodes [J]. Solid State Ionics, 2014, 260: 55-59.

[41] ZHU L, WEI B, WANG Z, et al. Electrochemically driven deactivation and recovery in PrBaCo$_2$O$_{5+\delta}$ oxygen electrodes for reversible solid oxide fuel cells [J]. Chemsuschem, 2016, 9 (17): 2443-2450.

[42] ZHU L, WEI B, ZHE L, et al. Performance degradation of double-perovskite PrBaCo$_2$O$_{5+\delta}$ oxygen electrode in CO$_2$ containing atmospheres [J]. Applied Surface Science, 2017, 416: 649-655.

[43] TÉLLEZ H, DRUCE J, JU Y W, et al. Surface chemistry evolution in LnBaCo$_2$O$_{5+\delta}$ double perovskites for oxygen electrodes [J]. International Journal of Hydrogen Energy, 2014, 39 (35): 20856-20863.

[44] GUO W, GUO R, LIU L, et al. Thermal and electrochemical properties of layered perovskite PrBaCo$_{2-x}$Mn$_x$O$_{5+\delta}$ ($x$ = 0.1, 0.2 and 0.3) cathode materials for intermediate temperature solid oxide fuel cells [J]. International Journal of Hydrogen Energy, 2015, 40 (36): 12457-12465.

[45] FU D, JIN F, HE T. A-site calcium-doped Pr$_{1-x}$Ca$_x$BaCo$_2$O$_{5+\delta}$ double perovskites as cathodes for intermediate-temperature solid oxide fuel cells [J]. Journal of Power Sources, 2016, 313: 134-141.

# 5 PrBa$_{0.5-x}$Sr$_{0.5}$Co$_2$O$_{5+\delta}$($x=0$, 0.04, 0.08) 阳离子缺位型阴极材料的制备与性能研究

## 5.1 引 言

据美国能源信息管理局（EIA）预测，截至 2050 年，全球能源消耗将增长近 50%。为应对能源短缺和环境污染问题，众多与能源利用相关的技术和设备的研发倍受关注并取得显著进展，尤其是近年来发展迅速的太阳能电池、锂离子电池和燃料电池等技术[1-4]。其中，固体氧化物燃料电池（SOFC）由于其高效率、燃料适应性和低污染等特点被认为是极具潜力的能量转换技术之一[5-7]。

然而，当前 SOFC 的商业应用因其工作温度较高而受到限制。传统的 SOFC 需要在高达 1000 ℃ 的温度下运行，以确保输出足够的功率密度[8]。高的工作温度可能引发多方面问题，包括系统稳定性、成本和材料选择等方面的挑战。因此，为实现 SOFC 的大规模商业应用，必须降低其工作温度[9-10]。但是工作温度降低会导致阴极的极化电阻迅速增加，从而使电池的输出性能衰减，解决此问题的一个有效途径是开发在中温区间具有优异电化学催化活性的 SOFC 阴极材料。

层状双钙钛矿结构的氧化物 LnBaCo$_2$O$_{5+\delta}$（Ln = La, Pr, Nd, Sm, Gd）因其较高的氧离子扩散系数和表面交换系数而作为固体氧化物燃料电池的阴极材料被广泛研究[11]。在这类层状双钙钛矿结构中，LnO、CoO$_2$ 和 BaO 层有序排列在晶体结构的 $c$ 轴方向上。大多数氧空位存在于 LnO 层中[12]。这种特殊的氧传导特性使 LnBaCo$_2$O$_{5+\delta}$ 表现出更好的氧化还原反应（ORR）性能。在 LnBaCo$_2$O$_{5+\delta}$ 系列中，PrBaCo$_2$O$_{5+\delta}$ 因其低的阴极极化电阻和高电导率以及离子导电性而被广泛研究，被认为是 SOFC 阴极材料的理想选择[13-15]。此外，有报道称，在 LnBaCo$_2$O$_{5+\delta}$ 钙钛矿中通过 Sr$^{2+}$ 取代 Ba$^{2+}$，可以提高电化学性能，这是由于 Sr$^{2+}$ 取代 Ba$^{2+}$ 导致了配位数和氧含量的增加[16-18]。

近年来，许多研究者已经报道了 A 位或 B 位阳离子缺陷对钙钛矿氧化物性能的影响。例如，Ding 研究报道了 Sr 位缺陷的 Sr$_x$Co$_{0.8}$Nb$_{0.1}$Ta$_{0.1}$O$_{3-\delta}$（$x$ = 0.90, 0.95, 1.00），发现 Sr$_{0.95}$Co$_{0.8}$Nb$_{0.1}$Ta$_{0.1}$O$_{3-\delta}$ 钙钛矿的极化电阻仅为非阳离子缺陷的 SrCo$_{0.8}$Nb$_{0.1}$Ta$_{0.1}$O$_{3-\delta}$ 的 63%[19]。含钴的钙钛矿作为 SOFC 阴极的一个不足之处是其相对较大的热膨胀系数（TEC）。Zhou 证实通过在（Ba$_{0.5}$Sr$_{0.5}$)$_{1-x}$Co$_{0.8}$Fe$_{0.2}$

$O_{3-\delta}$ 中引入 A 位阳离子缺陷可以降低 TEC[20]。Zhang 还观察到 B 位 Co 缺陷可以显著提高 $PrBaCo_{2-x}O_{6-\delta}$（$x=0, 0.02, 0.06, 0.1$）钙钛矿的电化学性能[21]。

在本书中，通过溶胶-凝胶法合成了 A 位 Ba 缺陷的 $PrBa_{0.5-x}Sr_{0.5}Co_2O_{5+\delta}$（$PB_{0.5-x}SCO$；$x=0, 0.04, 0.08$）钙钛矿，研究了 Ba 缺陷对其结构、热性能、电学和电化学特性的影响。结果表明，Ba 缺陷的 $PrBa_{0.5-x}Sr_{0.5}Co_2O_{5+\delta}$ 钙钛矿是一种有发展前景的 SOFC 阴极材料。

## 5.2 样品的制备

### 5.2.1 $PB_{0.5-x}SCO$ 样品的制备

采用溶胶-凝胶法制备 $PB_{0.5-x}SCO$ 阳离子缺位型双钙钛矿材料。首先，将化学计量比例的 $Pr_6O_{11}$ 加入硝酸中，并在磁力搅拌下形成相应的硝酸盐溶液。随后，依次向去离子水中加入 $Ba(NO_3)_2$、$Sr(NO_3)_2$ 和 $Co(CH_3COO)_2·4H_2O$，并进行磁力搅拌。然后，将上述溶液混合，形成透明的混合溶液。接着，依次加入适量的柠檬酸和聚乙二醇，并进行 80 ℃ 的水浴处理，形成凝胶。将凝胶在 600 ℃ 下烧结，以去除有机物和水分，得到粉末样品。最后，将粉末制成块状，并在 1000 ℃ 下烧结 10 h，以获得纯相样品。

### 5.2.2 $PB_{0.5-x}SCO$ 致密样品的制备

首先，取适量的 $PB_{0.5-x}SCO$ 粉末样品置于玛瑙研钵中，加入 2~3 滴聚乙烯醇溶液作为黏合剂，充分研磨 15 min 后将粉末样品在 30 MPa 的压强下压制成长×宽×高为 5 mm×5 mm×25 mm 的长条状，要求样品无裂纹。将压制好的样品放入冷等静压机内，以水作为传压介质，在 270 MPa 的压强下，保持约 15 min，减压后取出样品，置于马弗炉中于 1000 ℃ 下烧结 15 h，冷却至室温后，将样品取出，用排水法测得致密样品的致密度均在 90% 以上。致密样品用于直流电导率和热膨胀系数的测试。

### 5.2.3 $La_{0.8}Sr_{0.2}Ga_{0.8}Mg_{0.1}O_3$ 电解质的制备

$La_{0.8}Sr_{0.2}Ga_{0.8}Mg_{0.1}O_3$（LSGM）粉末通过固相法制备[22-23]。首先，按照化学计量比称量 $La_2O_3$、$SrCO_3$、$Ga_2O_3$、MgO，并在研钵中充分混合研磨。然后，将研磨好的样品在 1200 ℃ 下烧结 12 h。随后，再次研磨，压片，在 1450 ℃ 下烧结 12 h，得到致密的 LSGM 电解质片，用于对称电池和全电池的制备。

## 5.3　X射线衍射分析

图 5-1 为在空气中、1000 ℃下烧结 10 h 后的 $PrBa_{0.5-x}Sr_{0.5}Co_2O_{5+\delta}$ 样品的 XRD 图谱。经 Jade 软件和 GSAS 精修后可知所有的样品均为单相,并且具有立方钙钛矿结构(空间群 $Pm\bar{3}m$)。这与文献中报道的 $LnBaCo_2O_{5+\delta}$ 双钙钛矿结构一致,例如 $LaBaCo_2O_{5+\delta}$[24]、$LaBa_{0.5}Sr_{0.5}Co_2O_{5+\delta}$[25]。如图 5-1 所示,随着 Ba 离子缺陷从 0 增加到 0.08,衍射角 33°附近的主衍射峰逐渐向高角度方向移动。图 5-2 为 $PB_{0.5-x}SCO$ 系列样品 XRD 的 Rietveld 精修图谱,从 Rietveld 拟合中获得的晶格常数和置信因子列于表 5-1 中,可以看出,晶格常数随着 Ba 离子缺陷的增加而减小,表明由于 $PB_{0.5-x}SCO$ 样品中引入了 Ba 离子缺陷而发生了晶格收缩。这与衍射峰的变化一致。

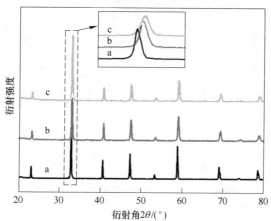

图 5-1　$PB_{0.5-x}SCO$ 系列样品在室温下的粉末 XRD 衍射图谱
a—$x=0$; b—$x=0.04$; c—$x=0.08$

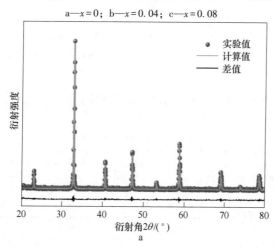

a

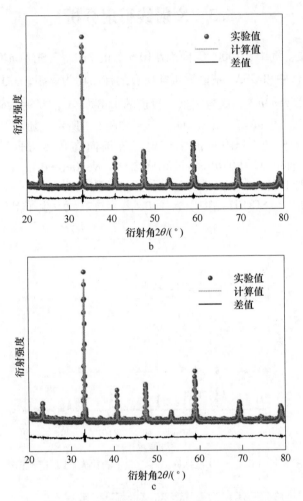

图 5-2 PB$_{0.5-x}$SCO 系列样品 XRD 的 Rietveld 精修图谱

a—$x=0$；b—$x=0.04$；c—$x=0.08$

表 5-1 PB$_{0.5-x}$SCO 系列样品的晶格常数和置信因子

| 样品 | $a$/nm | $b$/nm | $c$/nm | $R_p$/% | $R_{wp}$/% | $\chi^2$ |
| --- | --- | --- | --- | --- | --- | --- |
| $x=0$ | 0.3845（1） | 0.3845（1） | 0.3845（1） | 8.76 | 9.17 | 3.54 |
| $x=0.04$ | 0.3834（6） | 0.3834（6） | 0.3834（6） | 9.12 | 9.86 | 3.75 |
| $x=0.08$ | 0.3830（8） | 0.3830（8） | 0.3830（8） | 8.84 | 10.11 | 3.92 |

## 5.4 化学兼容性分析

电解质与阴极之间的化学兼容性是影响 SOFC 性能的关键因素。本书对制备的 $PB_{0.5-x}SCO$ 样品与 LSGM 电解质之间的化学兼容性进行了探索。以 $PB_{0.42}SCO$ 为例,将其和 LSGM 电解质粉末以 1∶1 质量比混合,并在 1000 ℃下烧结 2 h。图 5-3 显示了烧结后的 $PB_{0.42}SCO$+LSGM 混合物的 XRD 图谱,所有的衍射峰均属于 $PB_{0.42}SCO$ 或 LSGM。烧结样品的 XRD 图谱上没有出现新的衍射峰,说明经 1000 ℃高温烧结后,材料内没有杂相产生。该结果表明 $PB_{0.42}SCO$ 与 LSGM 电解质具有良好的化学兼容性。

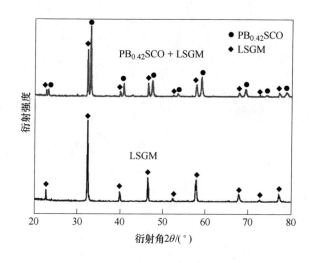

图 5-3 $PB_{0.42}SCO$+LSGM 混合物于 1000 ℃烧结后的 XRD 图谱

## 5.5 X 射线光电子能谱分析

对 $PB_{0.5-x}SCO$ 系列样品中各元素离子的价态进行 XPS 测试分析。如图 5-4 所示为 Pr $3d_{5/2}$ 图谱的拟合结果。Pr $3d_{5/2}$ 的峰可拟合为两部分,分别对应于 $Pr^{4+}$(932.0 eV) 和 $Pr^{3+}$(927.3 eV)[26]。图 5-5 显示了 Co 2p-Ba 3d 图谱的拟合结果。Co 2p-Ba 3d 图谱可分解为 3 个部分,在 796.5 eV 和 792.5 eV 处的峰分别对应于 $Co^{4+}$ 和 $Co^{3+}$ 的 $2p_{1/2}$,而在 781.1 eV 和 777.4 eV 处的峰分别属于 $Co^{4+}$ 和 $Co^{3+}$ 的 $2p_{3/2}$,794.8 eV 和 779.5 eV 处的峰属于 $Ba^{2+}$ 的 $3d_{3/2}$ 和 $3d_{5/2}$[27-30]。XPS 结果表

明，在 PB$_{0.5-x}$SCO 样品中，Pr 离子和 Co 离子均以正三价和正四价双重价态存在。

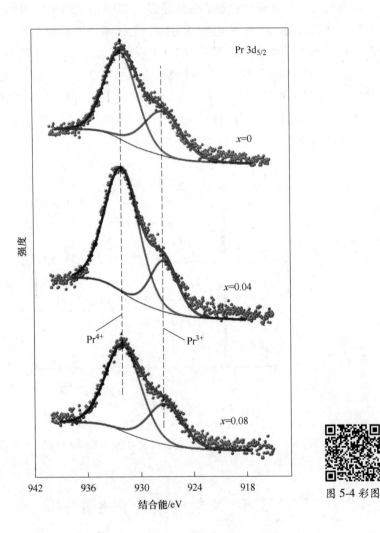

图 5-4　PB$_{0.5-x}$SCO 系列样品中 Pr 3d$_{5/2}$ 能级的 XPS 分峰拟合图谱

图 5-6 为 PB$_{0.5-x}$SCO 系列样品中 O 1s 能级的 XPS 分峰拟合图谱。O 1s 的 XPS 可以拟合为 3 个部分，其峰位置分别在结合能 528.1 eV、530.8 eV 和 532.6 eV 处，分别对应于晶格氧（O$_L$）、吸附氧（O$_A$）和材料表面吸附的水分（O$_M$）[31]。据报道，材料中吸附氧含量与氧空位浓度有直接关系[32-33]，所以 O$_A$ 与 O$_L$ 含量的比值通常被用来比较不同材料中氧空位的相对含量[34-35]。对于

5.5　X射线光电子能谱分析

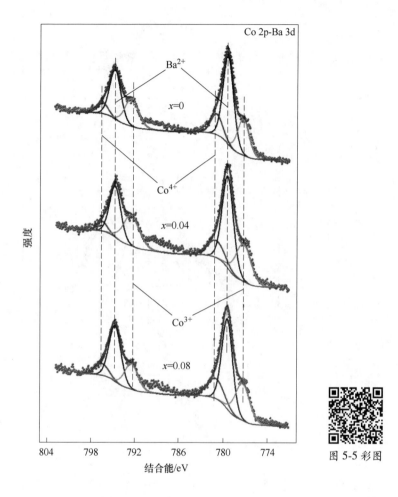

图 5-5　$PB_{0.5-x}SCO$ 系列样品中 Co 2p-Ba 3d 能级的 XPS 分峰拟合图谱

$x=0$、$x=0.04$ 和 $x=0.08$ 的 $PB_{0.5-x}SCO$，从拟合图谱计算的 $O_A$ 与 $O_L$ 含量比值分别为 1.74、2.27 和 2.62。这表明氧空位浓度随着 Ba 离子缺陷的增加而增加。众所周知，氧空位对氧化还原反应（ORR）过程至关重要，并且具有较高氧空位浓度的样品通常表现出更好的电化学性质，因此推测 Ba 离子缺陷 $x=0.08$ 的样品的电化学性能较好。

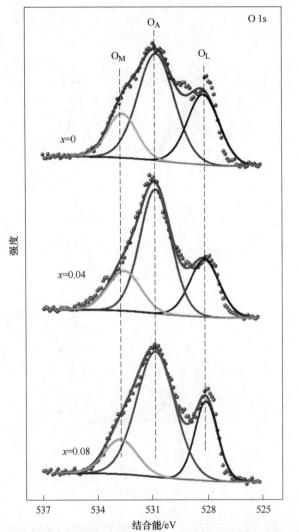

图 5-6  $PB_{0.5-x}SCO$ 系列样品中 O 1s 能级的 XPS 分峰拟合图谱

图 5-6 彩图

## 5.6 热膨胀分析

阴极材料与电解质之间的兼容性可从两个方面考虑,即化学兼容性和热匹配性。对于化学兼容性,本书使用 XRD 测试了烧结后的 $PB_{0.5-x}SCO$+LSGM 混合物。XRD 图谱显示 $PB_{0.5-x}SCO$ 与 LSGM 电解质之间存在良好的化学兼容性。对于热匹配性,则可以通过测试阴极材料和电解质的热膨胀系数来评估。

图 5-7 显示了 $PB_{0.5-x}SCO$ 样品在 50~900 ℃范围内的长度变化 ($\Delta L/L_0$)。随

着温度升高，所有样品的 $\Delta L/L_0$ 都呈增大趋势。$PB_{0.5-x}SCO$ 的高热膨胀行为可归因于两个方面：(1) 与晶体膨胀由非谐波原子振动引起有关，这种振动与晶体中的静电吸引力相关[20]。(2) 与 Co 离子自旋转变引起的化学膨胀以及 Co 离子还原成低价态有关[36]。

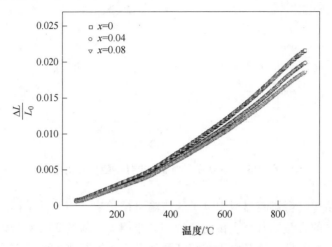

图 5-7　$PB_{0.5-x}SCO$ 系列样品的热膨胀曲线

热膨胀曲线斜率在约 300 ℃ 的变化是由于高温（大于 300 ℃）下晶格氧的释放导致 Co 离子从正四价还原到正三价。此外，随着 Ba 离子缺陷的增加，线膨胀系数值呈下降趋势，其可归因于晶格收缩引起的静电吸引力增加，正如 XRD 结果所证明的那样。

在 50~900 ℃ 范围内，Ba 离子缺陷分别为 $x=0$、$x=0.04$、$x=0.08$ 的样品，其平均线膨胀系数分别为 $20.6×10^{-6}\ K^{-1}$、$19.8×10^{-6}\ K^{-1}$ 和 $19.1×10^{-6}\ K^{-1}$。然而，与一些常用的 SOFC 电解质材料相比，如 LSGM（$11.5×10^{-6}\ K^{-1}$）[23]，$PB_{0.5-x}SCO$ 的线膨胀系数值仍然较高。因此，未来将探索进一步降低 $PB_{0.5-x}SCO$ 材料 TEC 值的策略，包括通过与电解质材料混合制备复合阴极，以及在 B 位掺杂 Cu 离子或 Fe 离子等来替代部分 Co 离子。

## 5.7　电导率分析

图 5-8 为 $PB_{0.5-x}SCO$ 样品的电导率随温度变化曲线。在 50~800 ℃ 范围内测试的所有 $PB_{0.5-x}SCO$ 样品的电导率随温度升高而降低，表现出金属导电行为，这与报道的其他钴基钙钛矿相似[16,18,37]。此外，随着 Ba 离子缺陷的增加，每个测试温度点的电导率也呈下降趋势。

导电行为受电荷载流子的含量和迁移率、氧空位的含量以及晶格结构的影

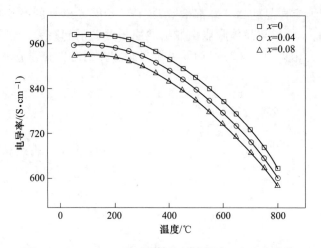

图 5-8 PB$_{0.5-x}$SCO 系列样品的电导率随温度变化曲线

响,而晶格结构又会影响材料中电子的传输路径[38-43]。对于钴基钙钛矿,电导率与载流子 $Co^{4+}$ 的含量以及氧空位的含量和分布相关。从约 300 ℃ 开始,可以观察到明显的导电性降低。这是由于在较高温度下晶格氧释放导致氧空位的形成,同时,$Co^{4+}$ 还原为 $Co^{3+}$,以保持材料的电中性。氧空位的形成和 $Co^{4+}$ 的还原都会导致电导率的降低。正如前文所述,氧空位浓度随着 Ba 离子缺陷的增加而增加。PB$_{0.5-x}$SCO 样品中氧空位的形成破坏了 Co—O—Co 网络,导致载流子局域化,从而使电导率降低。类似的传导机制也在其他阳离子缺位型钙钛矿中报道过,例如 La$_{0.6}$Sr$_{0.4-x}$Co$_{0.2}$Fe$_{0.8}$O$_{3-\delta}$[44] 和 (Ba$_{0.5}$Sr$_{0.5}$)$_{1-x}$Co$_{0.8}$Fe$_{0.2}$O$_{3-\delta}$[20]。尽管电导率随着 Ba 离子缺陷的增加而降低,但电导率仍高于 580 S/cm,能够满足中温 SOFC 阴极材料电导率需达到 100 S/cm 的要求。

## 5.8 电化学阻抗分析

PB$_{0.5-x}$SCO 的电化学特性通过测试电化学阻抗谱(EIS)来进行评估。图 5-9 为在 650~800 ℃ 范围内测试的 PB$_{0.5-x}$SCO | LSGM | PB$_{0.5-x}$SCO 对称电池的 EIS 曲线。$Z'$ 轴上的高频区到原点截距表示 LSGM 电解质和银导线引起的欧姆电阻。在 $Z'$ 轴上的高频和低频范围内的截距被认为是极化电阻。为了清晰起见,将欧姆电阻归一化至原点。

极化电阻与氧化还原反应(ORR)过程中的电化学性能密切相关。随着 Ba 离子缺陷程度的增加,极化电阻显著降低。当 Ba 离子缺陷从 $x=0$ 增加到 $x=0.08$ 时,极化电阻下降了 60% 以上。在 750 ℃ 下,$x=0$、$x=0.04$ 和 $x=0.08$ 的样品的极化电阻分别为 0.28 Ω·cm$^2$、0.15 Ω·cm$^2$ 和 0.082 Ω·cm$^2$。$x=0.08$

## 5.8 电化学阻抗分析

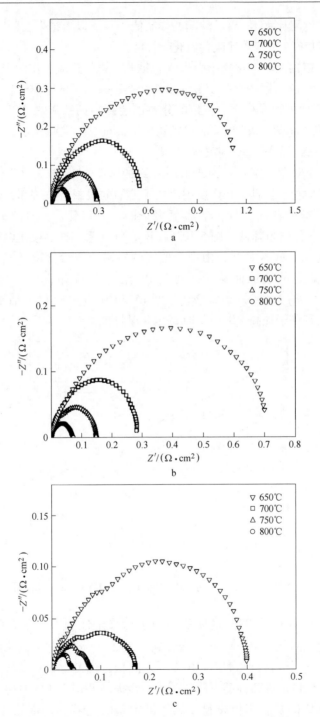

图 5-9 PB$_{0.5-x}$SCO 系列样品在不同温度下的 EIS 曲线

a—$x=0$; b—$x=0.04$; c—$x=0.08$

的样品的极化电阻比无 Ba 离子缺陷的样品低 71%。以上结果表明，在 PBSCO 中引入 Ba 离子缺陷可以有效地改善电化学性能。

据报道，在钙钛矿氧化物中引入 A 位缺陷可以促进氧空位的形成，以维持电中性[44-45]。氧空位的存在有利于氧的表面交换和氧离子的整体运输，从而使极化电阻降低[46]。此外，晶格中氧空位的分布也会影响钙钛矿氧化物中氧离子的传输特性[47]。在 LnBaCo$_2$O$_{5+\delta}$ 相关的双钙钛矿中，氧空位主要分布在 LnO 层中，导致 LnO 层中氧离子的传输受到限制[24,38,47]。

在 PB$_{0.5-x}$SCO 钙钛矿中，由于 Ba—O 键的断裂，Ba 离子缺陷将导致 BaO 层中优先形成氧空位。因此，PrO 层中氧离子传输的限制将被破坏，从而改变该材料中氧离子传输的各向异性，形成氧离子的三维传输。这种变化也可能导致 PB$_{0.5-x}$SCO 的极化电阻降低。图 5-10 为 PB$_{0.5-x}$SCO 系列样品极化电阻的 Arrhenius 拟合图。根据 Arrhenius 公式，由拟合曲线的斜率计算活化能（$E_a$）。获得的 $E_a$ 随着 Ba 离子缺陷的增加而减小。对于 PB$_{0.5-x}$SCO 样品，当 $x$ 的值分别为 0、0.04、0.08 时，$E_a$ 分别为 1.32 eV、1.28 eV 和 1.23 eV。以上结果表明，Ba 离子缺陷的存在有利于提高 PB$_{0.5-x}$SCO 的电化学性能。

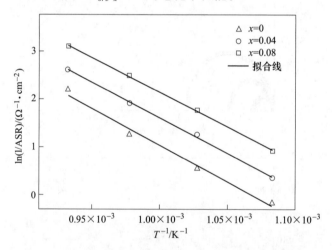

图 5-10　PB$_{0.5-x}$SCO 系列样品极化电阻的 Arrhenius 拟合图

对 PB$_{0.5-x}$SCO($x$=0.08) 的阴极材料进行稳定性测试。在 650 ℃下，测试 10 h 后，极化电阻从 0.40 Ω·cm$^2$ 增加到 0.58 Ω·cm$^2$。这种极化电阻的增加可能与 PB$_{0.5-x}$SCO 阴极材料和 LSGM 电解质之间相对较大的 TEC 差异有关，阴极材料表面的偏析也可能导致性能下降。为进一步提高 PB$_{0.5-x}$SCO 的稳定性，未来将研究 PB$_{0.5-x}$SCO 的复合阴极材料，例如优化 PB$_{0.5-x}$SCO-LSGM 复合材料的组分比，改善材料的微观结构。

## 5.9 微观结构分析

通过扫描电镜观察测试完阻抗后的对称电池的微观结构。图 5-11 显示了阴极/电解质双层的截面，$PB_{0.5-x}SCO$ 阴极层和 LSGM 电解质层之间的紧密结合有效降低了电解质材料与阴极材料之间的接触电阻。从图 5-11 中可以看出 LSGM 电解质层是致密结构，这种结构可有效防止燃料气体的扩散，而只允许氧离子在其中传输。$PB_{0.5-x}SCO$ 阴极层呈多孔结构，具有均匀分布的颗粒和孔，晶粒之间形成了有效连接又保持了孔隙分布的均匀性，这样的结构有利于氧的传输扩散以及还原反应的进行。$x=0$ 和 $x=0.08$ 的阴极样品没有明显的微观结构差异，表明其不同的电化学性能不是由结构导致的，而是由于有无 Ba 离子缺陷的阴极材料的固有特性差异。

图 5-11　$PB_{0.5-x}SCO$ 基对称电池的截面 SEM 图像

## 5.10 本章小结

本章的研究重点在于探究 Ba 离子缺陷对 $PrBa_{0.5-x}Sr_{0.5}Co_2O_{5+\delta}$（$PB_{0.5-x}SCO$；$x=0,0.04,0.08$）双钙钛矿的相结构、热膨胀、电学和电化学特性的影响。$PB_{0.5-x}SCO$ 样品在 1000 ℃ 时与 LSGM 电解质表现出良好的化学兼容性。随着 Ba 离子缺陷的增加，热膨胀系数（TEC）降低。电导率随着 Ba 离子缺陷的增加而降低，这是因为在 $PB_{0.5-x}SCO$ 中引入 Ba 离子缺陷形成了氧空位，导致载流子的局域化。通过引入 Ba 离子缺陷，$PB_{0.5-x}SCO$ 的电化学性能显著提高，反应的活化能从 1.32 eV（$x=0$）降低到 1.23 eV（$x=0.08$）。在 750 ℃ 下，当 Ba 离子缺陷从 $x=0$ 增加到 $x=0.08$ 时，极化电阻从 0.28 Ω·cm² 降低到 0.082 Ω·cm²，下降超过 70%。这些结果表明引入 A 位 Ba 离子缺陷是提高 $PB_{0.5-x}SCO$ 阴极材料电化学特性的有效方法。

## 参 考 文 献

[1] WACHSMAN E D, LEE K T. Lowering the temperature of solid oxide fuel cells [J]. Science, 2011, 334: 935-939.

[2] LI W, ZHENG J, HU B, et al. High-performance solar flow battery powered by a perovskite/silicon tandem solar cell [J]. Nature Materials, 2020, 19: 1326-1331.

[3] CAI K, LI Y, LANG X, et al. Synergistic effect of sulfur on electrochemical performances of carbon-coated vanadium pentoxide cathode materials with polyvinyl alcohol as carbon source for lithium-ion batteries [J]. International Journal of Energy Research, 2019, 43 (13): 7664-7671.

[4] LANG X, ZHAO Y, CAI K, et al. A facile synthesis of stable $TiO_2/TiC$ composite material as sulfur immobilizers for cathodes of lithium-sulfur batteries with excellent electrochemical performances [J]. Energy Technology, 2019, 7 (12): 1900543.

[5] YAO C, YANG J, CHEN S, et al. Copper doped $SrFe_{0.9-x}Cu_xW_{0.1}O_{3-\delta}$ ($x$=0-0.3) perovskites as cathode materials for IT-SOFCs [J]. Journal of Alloys and Compounds, 2021, 868: 159127.

[6] YAO C, YANG J, ZHANG H, et al. Characterization of $SrFe_{0.9-x}Cu_xMo_{0.1}O_{3-\delta}$ ($x$=0, 0.1 and 0.2) as cathode for intermediate-temperature solid oxide fuel cells [J]. International Journal of Energy Research, 2021, 45 (4): 5337-5346.

[7] STEELE B C H, HEINZEL A. Materials for fuel-cell technologies [J]. Nature, 2001, 414: 345-352.

[8] GAO Z, MOGNI L V, MILLER E C, et al. A perspective on low-temperature solid oxide fuel cells [J]. Energy & Environmental Science, 2016, 9 (5): 1602-1644.

[9] WACHSMAN E D, LEE K T. Lowering the temperature of solid oxide fuel cells [J]. Science, 2011, 334 (6058): 935-939.

[10] BRETT D J L, ATKINSON A, BRANDON N P, et al. Intermediate temperature solid oxide fuel cells [J]. Chemical Society Reviews, 2008, 37 (8): 1568-1578.

[11] YOO S, JUN A, JU Y W, et al. Development of double-perovskite compounds as cathode materials for low-temperature solid oxide fuel cells [J]. Angewandte Chemie-International Edition, 2014, 126 (48): 13280-13283.

[12] SHI Z, XIA T, MENG F, et al. A layered perovskite $EuBaCo_2O_{5+\delta}$ for intermediate-temperature solid oxide fuel cell cathode [J]. Fuel Cells, 2014, 14 (6): 979-990.

[13] ZHU C, LIU X, YI C, et al. Electrochemical performance of $PrBaCo_2O_{5+\delta}$ layered perovskite as an intermediate-temperature solid oxide fuel cell cathode [J]. Journal of Power Sources, 2008, 185 (1): 193-196.

[14] ZHAO L, HE B, LIN B, et al. High performance of proton-conducting solid oxide fuel cell with a layered $PrBaCo_2O_{5+\delta}$ cathode [J]. Journal of Power Sources, 2009, 194 (2): 835-837.

[15] CHEN D, RAN R, ZHANG K, et al. Intermediate-temperature electrochemical performance of a polycrystalline $PrBaCo_2O_{5+\delta}$ cathode on samarium-doped ceria electrolyte [J]. Journal of Power Sources, 2009, 188 (1): 96-105.

[16] YOO S, CHOI S, KIM J, et al. Investigation of layered perovskite type $NdBa_{1-x}Sr_xCo_2O_{5+\delta}$ ($x$=

0, 0.25, 0.5, 0.75, and 1.0) cathodes for intermediate-temperature solid oxide fuel cells [J]. Electrochimica Acta, 2013, 100: 44-50.

[17] KIM J H, PRADO F, MANTHIRAM A. Characterization of $GdBa_{1-x}Sr_xCo_2O_{5+\delta}$ ($0 \leqslant x \leqslant 1.0$) double perovskites as cathodes for solid oxide fuel cells [J]. Journal of the Electrochemical Society, 2008, 155 (10): B1023.

[18] JUN A, KIM J, SHIN J, et al. Optimization of Sr content in layered $SmBa_{1-x}Sr_xCo_2O_{5+\delta}$ perovskite cathodes for intermediate-temperature solid oxide fuel cells [J]. International Journal of Hydrogen Energy, 2012, 37 (23): 18381-18388.

[19] DING X, GAO Z, DING D, et al. Cation deficiency enabled fast oxygen reduction reaction for a novel SOFC cathode with promoted $CO_2$ tolerance [J]. Applied Catalysis B-Environmental, 2019, 243: 546-555.

[20] ZHOU W, RAN R, SHAO Z, et al. Evaluation of A-site cation-deficient $(Ba_{0.5}Sr_{0.5})_{1-x}Co_{0.8}Fe_{0.2}O_{3-\delta}$ ($x>0$) perovskite as a solid-oxide fuel cell cathode [J]. Journal of Power Sources, 2008, 182 (1): 24-31.

[21] ZHANG L, LI S, XIA T, et al. Co-deficient $PrBaCo_{2-x}O_{6-\delta}$ perovskites as cathode materials for intermediate-temperature solid oxide fuel cells: Enhanced electrochemical performance and oxygen reduction kinetics [J]. International Journal of Hydrogen Energy, 2018, 43 (7): 3761-3775.

[22] YAO C, ZHANG H, LIU X, et al. A niobium and tungsten co-doped $SrFeO_{3-\delta}$ perovskite as cathode for intermediate temperature solid oxide fuel cells [J]. Ceramics International, 2019, 45 (6): 7351-7358.

[23] YAO C, ZHANG H, DONG Y, et al. Characterization of Ta/W co-doped $SrFeO_{3-\delta}$ perovskite as cathode for solid oxide fuel cells [J]. Journal of Alloys and Compounds, 2019, 797: 205-212.

[24] KIM J H, MANTHIRAM A. $LnBaCo_2O_{5+\delta}$ oxides as cathodes for intermediate-temperature solid oxide fuel cells [J]. Journal of the Electrochemical Society, 2008, 155 (4): B385.

[25] YAO C, ZHANG H, LIU X, et al. Characterization of layered double perovskite $LaBa_{0.5}Sr_{0.25}Ca_{0.25}Co_2O_{5+\delta}$ as cathode material for intermediate-temperature solid oxide fuel cells [J]. Journal of Solid State Chemistry, 2018, 265: 72-78.

[26] WANG D, XIA Y, LV H, et al. $PrBaCo_{2-x}Ta_xO_{5+\delta}$ based composite materials as cathodes for proton-conducting solid oxide fuel cells with high $CO_2$ resistance [J]. International Journal of Hydrogen Energy, 2020, 45 (55): 31017-31026.

[27] JIANG L, LI F, WEI T, et al. Evaluation of $Pr_{1+x}Ba_{1-x}Co_2O_{5+\delta}$ ($x=0$-$0.30$) as cathode materials for solid-oxide fuel cells [J]. Electrochimica Acta, 2014, 133: 364-372.

[28] SUN J, LIU X, HAN F, et al. $NdBa_{1-x}Co_2O_{5+\delta}$ as cathode materials for IT-SOFC [J]. Solid State Ionics, 2016, 288: 54-60.

[29] GAO D S, GAO X D, WU Y Q, et al. Epitaxial Co doped $BaSnO_3$ thin films with tunable optical bandgap on MgO substrate [J]. Applied Physics A, 2019, 125: 158.

[30] WU Z, SUN L P, XIA T, et al. Effect of Sr doping on the electrochemical properties of bi-functional oxygen electrode $PrBa_{1-x}Sr_xCo_2O_{5+\delta}$ [J]. Journal of Power Sources, 2016, 334:

86-93.

[31] ZOU J, PARK J, YOON H, et al. Preparation and evaluation of $Ca_{3-x}Bi_xCo_4O_{9-\delta}$ ($0<x\leqslant 0.5$) as novel cathodes for intermediate temperature-solid oxide fuel cells [J]. International Journal of Hydrogen Energy, 2012, 37 (10): 8592-8602.

[32] ZHAO X, YANG Q, CUI J. XPS study of surface absorbed oxygen of $ABO_3$ mixed oxides [J]. Journal of Rare Earths, 2008, 26 (4): 511-514.

[33] GERISCHER H, HELLER A. The role of oxygen in photooxidation of organic molecules on semiconductor particles [J]. Journal of Physical Chemistry, 1991, 95 (13): 5261-5267.

[34] YAO C, YANG J, ZHANG H, et al. Cobalt-free perovskite $SrTa_{0.1}Mo_{0.1}Fe_{0.8}O_{3-\delta}$ as cathode for intermediate-temperature solid oxide fuel cells [J]. International Journal of Energy Research, 2020, 44 (2): 925-933.

[35] YAO C, MENG J, LIU X, et al. Effects of Bi doping on the microstructure, electrical and electrochemical properties of $La_{2-x}Bi_xCu_{0.5}Mn_{1.5}O_6$ ($x=0$, 0.1 and 0.2) perovskites as novel cathodes for solid oxide fuel cells [J]. Electrochimica Acta, 2017, 229: 429-437.

[36] YANG Z B, HAN M F, ZHU P, et al. $Ba_{1-x}Co_{0.9-y}Fe_yNb_{0.1}O_{3-\delta}$ ($x=0-0.15$, $y=0-0.9$) as cathode materials for solid oxide fuel cells [J]. International Journal of Hydrogen Energy, 2011, 36 (15): 9162-9168.

[37] PARK S, CHOI S, KIM J, et al. Strontium doping effect on high-performance $PrBa_{1-x}Sr_xCo_2O_{5+\delta}$ as a cathode material for IT-SOFCs [J]. ECS Electrochemistry Letters, 2012, 1 (5): F29-F32.

[38] ZHANG K, GE L, RAN R, et al. Synthesis, characterization and evaluation of cation-ordered $LnBaCo_2O_{5+\delta}$ as materials of oxygen permeation membranes and cathodes of SOFCs [J]. Acta Materialia, 2008, 56 (17): 4876-4889.

[39] ZHOU Q, WANG F, SHEN Y, et al. Performances of $LnBaCo_2O_{5+x}$-$Ce_{0.8}Sm_{0.2}O_{1.9}$ composite cathodes for intermediate-temperature solid oxide fuel cells [J]. Journal of Power Sources, 2010, 195 (8): 2174-2181.

[40] ZHAO L, NIAN Q, HE B, et al. Novel layered perovskite oxide $PrBaCuCoO_{5+\delta}$ as a potential cathode for intermediate-temperature solid oxide fuel cells [J]. Journal of Power Sources, 2010, 195 (2): 453-456.

[41] KIM J H, CASSIDY M, IRVINE J T S, et al. Advanced electrochemical properties of $LnBa_{0.5}Sr_{0.5}CoO_{5+\delta}$ ($Ln=Pr$, Sm, and Gd) as cathode materials for IT-SOFC [J]. Journal of the Electrochemical Society, 2009, 156 (6): B682.

[42] ZHAO L, SHEN J, HE B, et al. Synthesis, characterization and evaluation of $PrBaCo_{2-x}Fe_xO_{5+\delta}$ as cathodes for intermediate-temperature solid oxide fuel cells [J]. International Journal of Hydrogen Energy, 2011, 36 (5): 3658-3665.

[43] LIU Z, CHENG L Z, HAN M F. A-site deficient $Ba_{1-x}Co_{0.7}Fe_{0.2}Ni_{0.1}O_{3-\delta}$ cathode for intermediate temperature SOFC [J]. Journal of Power Sources, 2011, 196 (2): 868-871.

[44] KOSTOGLOUDIS G C, FTIKOS C. Properties of A-site-deficient $La_{0.6}Sr_{0.4}Co_{0.2}Fe_{0.8}O_{3-\delta}$-based perovskite oxides [J]. Solid State Ionics, 1999, 126 (1/2): 143-151.

[45] GE L, ZHOU W, RAN R, et al. Properties and performance of A-site deficient $(Ba_{0.5}Sr_{0.5})_{1-x}Co_{0.8}Fe_{0.2}O_{3-\delta}$ for oxygen permeating membrane [J]. Journal of Membrane Science, 2007, 306 (1/2): 318-328.

[46] KIM G, WANG S, JACOBSON A J, et al. Rapid oxygen ion diffusion and surface exchange kinetics in $PrBaCo_2O_{5+x}$ with a perovskite related structure and ordered A cations [J]. Journal of Materials Chemistry, 2007, 17 (24): 2500-2505.

[47] KIM J H, MOGNI L, PRADO F, et al. High temperature crystal chemistry and oxygen permeation properties of the mixed ionic-electronic conductors $LnBaCo_2O_{5+\delta}$ (Ln=Lanthanide) [J]. Journal of the Electrochemical Society, 2009, 156 (12): B1376-B1382.

# 6 $NdBa_{0.5}Sr_{0.5}Co_{2-x}Cu_xO_{5+\delta}$ ($x=0\sim0.2$) 阴极材料的制备与性能研究

## 6.1 引　言

固体氧化物燃料电池（SOFC）被广泛认为在能源转化方面应用前景广阔，具有能量转换效率高、燃料多样性、无需贵金属催化、环保等特性[1-2]。SOFC 的应用举例如作为建筑物和汽车的动力源[3-4]。此外，SOFC 具有逆向运行的能力，能将电能转化为化学能[5-6]。目前，为了输出足够的功率密度，SOFC 通常在高温（850~1000 ℃）下运行。然而，高的工作温度通常会带来许多方面（包括材料选择、不同组分之间的化学反应、电池密封以及电池性能的长期稳定性）问题。因此，实现 SOFC 大规模实际应用的关键目标之一是要将工作温度降低到 600~800 ℃，甚至低于 600 ℃[7-8]。

由于氧化还原反应（ORR）过程的缓慢动力学特性，降低工作温度会显著降低 SOFC 的输出性能[9-10]。随着薄膜制备技术的进步，电解质层可以制备得非常薄。SOFC 中的极化损失主要来自阴极层[11-12]。因此，开发在中低温区具有优异的 ORR 电化学催化活性的阴极材料至关重要。

$LnBaCo_2O_{5+\delta}$（Ln＝镧系元素）双钙钛矿作为潜在的 SOFC 阴极材料被广泛研究[13]。结果表明，用 Sr 替代 Ba 能够有效地提高 $LnBaCo_2O_{5+\delta}$ 的导电性[14-15]。然而，Sr 掺杂的 $LnBaCo_2O_{5+\delta}$ 双钙钛矿与传统电解质材料相比仍然具有较高的热膨胀系数[16-17]。由于 $LnBaCo_2O_{5+\delta}$ 阴极和电解质之间的热膨胀系数（TEC）不匹配，导致电池在循环热处理过程中易出现开裂，从而影响 SOFC 的性能稳定性。$LnBaCo_2O_{5+\delta}$ 较大的 TEC 归因于钴离子的存在，包括钴离子的自旋状态转变及其与氧之间较弱的键合作用[18]。因此，在材料设计时，应该充分考虑 Co 的含量，力求在匹配 TEC 和 Co 基双钙钛矿的良好电化学性能之间取得平衡。此外，含有 Sr、Ba 等碱土金属的双钙钛矿型阴极通常还面临 $CO_2$ 耐受性差的问题。碳酸盐（$SrCO_3$、$BaCO_3$）在阴极表面形成，会导致 SOFC 性能迅速衰减[19]。

本书选取具有高电导率的 A 位 Sr 掺杂的 $NdBa_{0.5}Sr_{0.5}Co_2O_{5+\delta}$（NBSC）双钙钛矿材料作为基体，使用低价态的 Cu 对其 B 位的 Co 进行取代，制备了 $NdBa_{0.5}Sr_{0.5}Co_{2-x}Cu_xO_{5+\delta}$（NBSCCx）双钙钛矿，并对其结构、热学、电学、电化学

特性及 $CO_2$ 耐受性进行了详细研究。通过弛豫时间分布（DRT）、平均结合能（ABE）计算和密度泛函理论（DFT）对结果进行了评估。研究结果表明，Cu 替代 Co 有利于 NBSC 的 ORR 过程的进行和提升材料 $CO_2$ 耐受性；制备的 NBSCC0.2 是一种在中温条件下性能优异的 SOFC 阴极材料。

## 6.2 样品的制备

### 6.2.1 NBSCC$x$ 样品的制备

$NdBa_{0.5}Sr_{0.5}Co_{2-x}Cu_xO_{5+\delta}$（NBSCC$x$，$x = 0 \sim 0.2$）系列样品采用溶胶-凝胶法制备，首先按照化学计量比称量 $Nd(NO_3)_3$、$Ba(NO_3)_2$、$Sr(NO_3)_2$、$Co(NO_3)_2$ 和 $Cu(NO_3)_2$，并将其加入去离子水中，搅拌至澄清透明的状态。随后按照柠檬酸（CA）与金属阳离子 1.5∶1 的摩尔比加入柠檬酸。滴加氨水，调节溶液 pH 值至中性后加入适量的聚乙二醇。磁力搅拌 30 min 后，在 80 ℃下水浴 24 h 得到 NBSCC$x$ 系列凝胶。将得到的凝胶在 600 ℃下加热至燃烧，以去除有机物和水分，最后将得到的黑色粉体在 800 ℃的条件下预烧 2 h。将预烧后的粉末在 15 MPa 的压强下压成圆片。未掺杂的 NBSC 和 Cu 掺杂的 NBSCC0.1、NBSCC0.2 分别在 1100 ℃和 1050 ℃烧结 10 h，得到所需样品。

### 6.2.2 NBSCC$x$ 致密样品的制备

首先，分别取适量的 NBSC、NBSCC0.1 和 NBSCC0.2 粉末样品置于 3 个玛瑙研钵中，分别加入 2~3 滴聚乙烯醇溶液作为黏合剂，仔细研磨 15 min，然后将粉末样品在 30 MPa 的压强下压制成长×宽×高为 5 mm×5 mm×25 mm 的长条状，要求样品无裂纹。然后利用冷等静压机，以水作为传压介质，对压制好的样品施加 270 MPa 的压强，保持约 15 min 后，再将样品置于马弗炉中在 1000 ℃下烧结 12 h，冷却至室温后，将样品取出，用排水法测得致密样品的致密度均在 90%以上。致密样品将分别用于直流电导率和热膨胀系数的测试。

### 6.2.3 $Ce_{0.8}Gd_{0.2}O_{2-\delta}$（GDC）电解质的制备

采用溶胶-凝胶法制备固体电解质材料 GDC[20]。首先，按化学计量比精确称量 $Ce(NO_3)_3 \cdot 6H_2O$ 和 $Gd_2O_3$ 两种试剂，将称量好的 $Ce(NO_3)_3 \cdot 6H_2O$ 溶于适量的去离子水中，形成 $Ce(NO_3)_3$ 溶液；将称量好的 $Gd_2O_3$ 置于烧杯中，加入适量去离子水，然后在磁力加热搅拌器上边加热搅拌边滴加硝酸溶液，至其全部溶解形成 $Gd(NO_3)_3$ 溶液。随后将上述两种溶液混合，加热搅拌 10 min 后，按金属离子与柠檬酸 1∶1.5 的摩尔比加入柠檬酸，加热搅拌 10 min 后，加入适量的聚乙二醇（PEG），再加热搅拌 15 min 后，将形成的透明溶胶转移至陶瓷蒸发皿中。将上述溶胶在 70 ℃下水浴 20 h 得到多孔泡沫状的干凝胶。将所得干凝胶在电炉上煅烧约 15 min，除去大部分的有机物，得到淡黄色前驱体粉末。将粉末转移至刚玉瓷舟中，置于管式炉中 600 ℃煅烧 16 h，以彻底除去样品中的剩余有机物。冷却至室温后，取出粉末样品于玛瑙研钵中充分研磨 30 min 后，加入 2~3 滴聚乙烯醇溶液作为黏合剂，仔细研磨 15 min，然后将粉末样品在 30 MPa 的压强下压制成直径 15 mm、厚约 1 mm 的薄片状。然后利用冷等静压机，以水作为传压介质，对压制好的样品施加 270 MPa 的压强，保持约 15 min 后，再将样品转移至马弗炉中于 1400 ℃下烧结 10 h，冷却至室温后，将样品取出，用排水法测得其致密度达 90%以上，得到 GDC 致密片，用于半电池的制备。

### 6.2.4 对称电池的制备

分别取适量的 NBSC、NBSCC0.1 和 NBSCC0.2 阴极粉末样品置于 3 个玛瑙研钵中，再分别加入适量的黏合剂（质量比为 97∶3 的松油醇与乙基纤维素的混合物），充分研磨，得到分散均匀的阴极浆料。然后采用丝网印刷技术将制得的阴极浆料对称地印刷在已烧结致密的 GDC 电解质片的两侧。将制备好的对称电池放入烘箱中 80 ℃烘干 15 min，然后转移至箱式炉中在 1000 ℃烧结 2 h，冷却至室温后取出，再在阴极层上对称地粘上银丝，用于电化学阻抗的测试。

## 6.3 X 射线衍射分析

如图 6-1 所示为 NBSCC$x$($x$=0~0.2) 系列样品的 XRD 图谱，可以看出，当

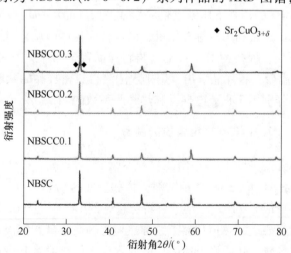

图 6-1 NBSCC$x$($x$=0~0.2) 系列样品的 XRD 图谱

Cu 的掺杂量达到 0.3 时,出现了 $Sr_2CuO_{3+\delta}$ 杂质峰,表明 NBSCC$x$ 中 Cu 的最大掺杂量为 $x=0.3$。由于杂质相的出现,将不进行 $x=0.3$ 样品的后续讨论。所有制备的 NBSCC$x$($x=0\sim0.2$)样品均为纯相,属于 $P4/mmm$ 空间群。图 6-2 为 NBSCC$x$($x=0\sim0.2$)的(110)晶面放大后的 XRD 图谱,可以看出,(110)晶面特征峰值随 Cu 的掺杂量增加而向小角度偏移,这表明 Cu 掺杂使晶格间距增大了。

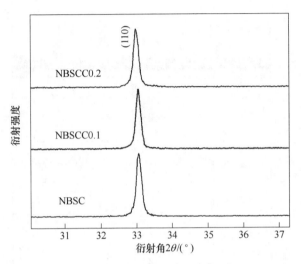

图 6-2　NBSCC$x$($x=0\sim0.2$)的(110)晶面放大后的 XRD 图谱

图 6-3 为 NBSCC$x$($x=0\sim0.2$)系列样品 XRD 的 Rietveld 精修图谱,详细的精修结果见表 6-1。结果表明,所有样品的晶格常数随着 Cu 掺杂量的增加而增大,说明 Cu 掺杂增大了晶格间距。这是由于 $Cu^{2+}$ 的离子半径(0.073 nm)大于

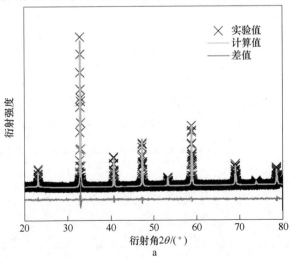

a

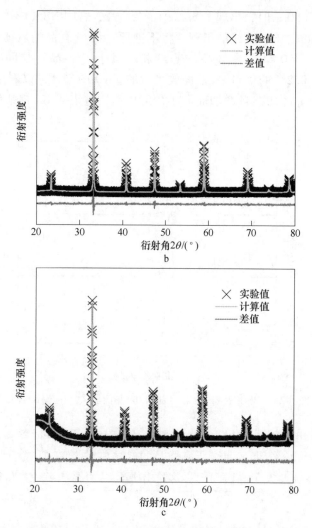

图 6-3　NBSCC$x$($x$=0~0.2) 系列样品 XRD 的 Rietveld 精修图谱

a—NBSC；b—NBSCC0.1；c—NBSCC0.2

$Co^{3+}$[0.0545 nm（低自旋状态）、0.0610 nm（高自旋状态）] 和 $Co^{4+}$(0.0530 nm)。这与报道的 $PrBa_{0.5}Sr_{0.5}Co_{2-x}Cu_xO_{5+\delta}$ 和 $GdBaCo_{2-x}Cu_xO_{5+\delta}$ 材料的结果一致[47]。

表 6-1　NBSCC$x$($x$=0~0.2) 系列样品 XRD 的 Rietveld 精修结果

| 样品 | 空间群 | $a=b$(nm) | $c$/nm | $V$/nm | $\chi^2/R_{wp}$ |
| --- | --- | --- | --- | --- | --- |
| NBSC | $P4/mmm$ | 0.384106 | 0.768454 | 0.113376 | 1.24/3.23 |
| NBSCC0.1 | $P4/mmm$ | 0.384227 | 0.768599 | 0.113469 | 1.33/3.61 |
| NBSCC0.2 | $P4/mmm$ | 0.384313 | 0.768654 | 0.113528 | 1.21/3.53 |

## 6.4 化学兼容性分析

阴极与电解质之间的化学兼容性至关重要，它们之间的界面状态对电池的性能有重要影响。因此，有必要研究 NBSCC$x$ 阴极与 GDC 电解质在高温下是否会发生化学反应。以 NBSCC0.2 为例，将其与 GDC 电解质材料按 1∶1 质量比充分研磨混合后，在 1000 ℃ 烧结 10 h。如图 6-4 所示为高温烧结后的 NBSCC0.2 与 GDC 电解质混合粉末的 XRD 图谱，可以看出，混合物的 XRD 衍射峰分别归属于 NBSCC0.2 和 GDC，没有出现新的衍射峰，表明 NBSCC0.2 与 GDC 在高温下没有发生化学反应，两者具有良好的化学兼容性。

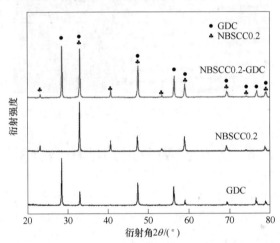

图 6-4 NBSCC0.2 与 GDC 混合物高温烧结后的 XRD 图谱

## 6.5 透射电子显微镜分析

如图 6-5 所示为 NBSCC0.2 样品的高分辨率透射电子显微镜（HR-TEM）图

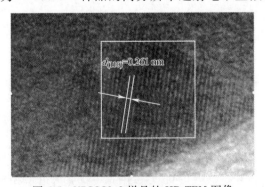

图 6-5 NBSCC0.2 样品的 HR-TEM 图像

像。经过分析计算出的晶面间距 $d$ 为 0.261 nm。根据 $d$ 值判断该平面为 NBSCC0.2 的（110）晶面。通过在该平面上进行快速傅里叶变换（FFT），并在（110）晶体平面上进行傅里叶反变换（见图6-6），得到的 NBSCC0.2 具有 $P4/mmm$ 四方结构。这一结果与 XRD 精修后的结果一致。

图 6-6　NBSCC0.2 样品(110)晶面的傅里叶变换图像

## 6.6　X 射线吸收近边结构谱分析

同步 X 射线吸收光谱（XAS）可以提供关于被探测原子的配位环境和化学状态等有用信息[21-22]。图 6-7 为 NBSC、NBSCC0.1、NBSCC0.2 以及 CoO 的 $K$ 边能量的 X 射线近边结构（XANES）谱，从图中可以得到 NBSCC$x$($x=0\sim0.2$) 系列

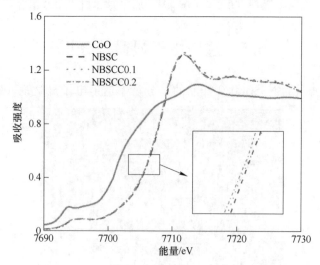

图 6-7 彩图

图 6-7　NBSCC$x$($x=0\sim0.2$)系列样品中 Co 的 $K$ 边 XANES 光谱

样品中 Co 元素的氧化态信息。Co 的 $K$ 边 XANES 谱中 CoO 的主边能量低于 NBSCC$x$ ($x$ = 0~0.2) 的三个样品。这是因为 CoO 中 Co 的价态为正二价,当价态较低时,对应的能量较小。主边的位置对应的归一化吸收强度约为 0.5 时可以表示其元素的化合价[22-23]。从图 6-7 中可以看出,NBSCC$x$($x$ = 0~0.2) 三个样品的主边与白线峰基本一致,这意味着它们具有相近的化学价态;然而,归一化吸收强度为 0.5 的位置的放大图显示,当 Cu 的掺杂量为 0.2 时,Co 的价态较低,这与 XPS 分析的结果一致,即 Cu 的加入降低了 Co 的平均价态。

## 6.7 X 射线光电子能谱分析

采用 X 射线光电子能谱（XPS）对 NBSCC$x$($x$ = 0~0.2) 系列双钙钛矿阴极材料中元素离子的价态进行了探究。如图 6-8 所示为 NBSCC0.2 样品的 XPS 全谱,其中主要峰分别对应于 Nd 3d、Cu 2p、Co 2p、Ba 3d、O 1s、C 1s、Sr 3d 和 Ba 4d 光电子信号。如图 6-9 所示为 NBSCC$x$($x$ = 0~0.2) 系列双钙钛矿阴极材料中 Co 2p 的 XPS 分峰拟合图谱,从图中可以看出,NBSCC$x$($x$ = 0~0.2) 系列双钙钛矿阴极材料中的 Co 离子以正三价和正四价两种价态形式存在[24-25]。位于结合能 795.2 eV 和 780.1 eV 处的峰与 $Co^{4+}$ 的 $2p_{1/2}$ 和 $2p_{3/2}$ 有关。$Co^{3+}$ 的峰分别位于结合能 793.1 eV（$2p_{1/2}$）和 778.3 eV（$2p_{3/2}$）处[24]。NBSCC$x$($x$ = 0~0.2) 系列样品中不同价态 Co 离子的含量及 Co 的平均价态列于表 6-2 中。

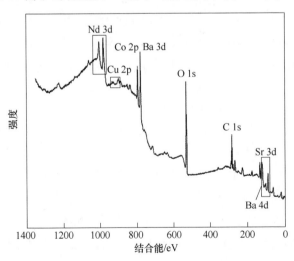

图 6-8 NBSCC0.2 样品的 XPS 全谱

Co 离子的价态与氧空位的形成密切相关。随着 Co 离子从 $Co^{4+}$ 还原到 $Co^{3+}$,阳离子的尺寸增大,产生更多的氧空位以保持电中性。从表 6-2 中可以看出,随

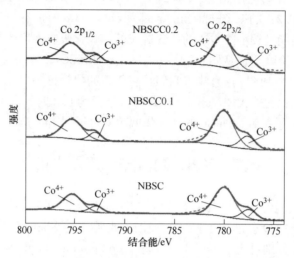

图 6-9 NBSCC$x$($x$=0~0.2)系列样品中 Co 2p 的 XPS 分峰拟合图谱

表 6-2 NBSCC$x$($x$=0~0.2)系列样品中 Co$^{3+}$和 Co$^{4+}$的含量及 Co 离子的平均价态

| 样 品 | Co$^{3+}$含量/% | Co$^{4+}$含量/% | Co 离子平均价态 |
| --- | --- | --- | --- |
| NBSC | 20.21 | 79.79 | +3.80 |
| NBSCC0.1 | 20.94 | 79.06 | +3.79 |
| NBSCC0.2 | 26.07 | 73.93 | +3.74 |

着 NBSCC$x$($x$=0~0.2)中 Cu 掺杂量的增加,Co$^{4+}$的含量逐渐减少,相反地,Co$^{3+}$的含量增加,Co 离子平均价态降低,这意味着产生了更多的氧空位,即 Cu 的掺杂促进了材料中氧空位的生成。

如图 6-10 所示为 NBSCC0.2 样品中 Cu 2p 的 XPS 分峰拟合图谱。XPS 曲线中主峰拟合的两部分分别对应于 Cu$^{2+}$和 Cu$^+$。在结合能 955.1 eV 和 934.5 eV 处的峰分别与 Cu$^{2+}$的 2p$_{1/2}$和 2p$_{3/2}$有关。而 Cu$^+$峰信号分别位于 952.8 eV(2p$_{1/2}$)和 931.4 eV(2p$_{3/2}$)处。

如图 6-11 所示,NBSCC$x$($x$=0~0.2)系列样品中 O 1s 的 XPS 峰信号由两部分组成。在结合能 528.3 eV 和 531.1 eV 处的峰分别与晶格中的氧(O$_L$)和吸附氧(O$_A$)有关[26]。吸附氧(O$_A$)与样品中的氧空位直接相关。因此,通常会比较不同样品中的 O$_A$ 与 O$_L$ 含量比值,来判断材料中的氧空位相对含量[27-28]。NBSCC$x$($x$=0~0.2)系列样品中不同种类的氧及其含量等信息列于表 6-3 中。

## 6.7　X 射线光电子能谱分析

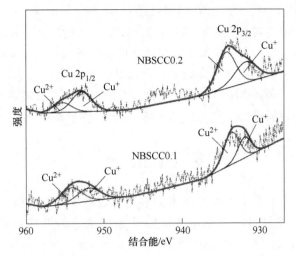

图 6-10　NBSCC0.2 样品中 Cu 2p 的 XPS 分峰拟合图谱

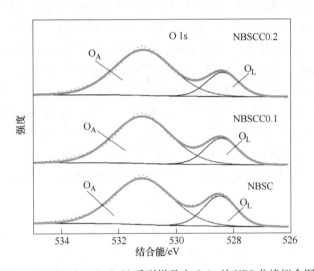

图 6-11　NBSCC$x$($x$=0~0.2)系列样品中 O 1s 的 XPS 分峰拟合图谱

表 6-3　NBSCC$x$($x$=0~0.2)系列样品中 $O_A$ 和 $O_L$ 的含量及 $O_A$ 与 $O_L$ 含量比

| 样　品 | $O_L$ 含量/% | $O_A$ 含量/% | $O_A$ 与 $O_L$ 含量比 |
| --- | --- | --- | --- |
| NBSC | 26.2 | 73.8 | 2.82 |
| NBSCC0.1 | 23.69 | 76.31 | 3.22 |
| NBSCC0.2 | 22.39 | 77.61 | 3.47 |

对于 NBSC、NBSCC0.1、NBSCC0.2 样品，计算得到的 $O_A$ 与 $O_L$ 含量比分别

为 2.82、3.22 和 3.47。$O_A$ 与 $O_L$ 含量比随着 Cu 掺杂量的增加而增加,表明材料中的氧空位的含量随着 Cu 掺杂量的增加而增加。众所周知,氧离子在固体材料中主要通过氧空位进行传输扩散。而氧离子的传输在氧化还原反应(ORR)过程中起着关键作用。氧空位含量高的材料通常具有更好的电化学催化性能。因此,从这个角度来看,预计 NBSCC0.2 样品在该系列材料中具有最好的电化学催化活性。这一结论通过后续部分电化学阻抗谱(EIS)测量来验证。

## 6.8 热重分析

氧空位的产生有利于阴极的 ORR 过程。通过前面 XPS 分析可知 NBSCC$x$($x$= 0~0.2)系列阴极材料中氧空位浓度随着铜掺杂量的增加而逐渐增加。通过 NBSCC$x$($x$=0~0.2)三个样品在 25~900 ℃工作温度下的热重分析(TGA)进一步证实了这一点。图 6-12 显示了 NBSC、NBSCC0.1 和 NBSCC0.2 三种阴极材料的热重曲线,从图中可以清楚地观察到,这三种材料的质量在 200 ℃以前迅速损失,这是由于随着温度的升高,材料中的水和二氧化碳去除所造成的。200 ℃后的质量损失可以归因于晶格氧的损失。随着温度的持续升高,在 600~800 ℃会有一个显著的峰。这种情况可能是在高温下由于材料中氧空位吸附氧气导致的。NBSC 样品的晶格氧质量总损失为 1.03%,对应于氧的化学计量比(5+$\delta$)的 $\delta$ 为 0.30。而掺铜样品 NBSCC0.1 和 NBSCC0.2 的质量总损失分别为 1.26% 和 1.41%,计算得到的 $\delta$ 值分别为 0.37 和 0.42。这说明在工作温度范围内,NBSCC0.2 在该系列样品中具有最高的氧空位含量,其对于提高 SOFC 阴极性能至关重要。TGA 分析的结果与前面 XPS 和 XAS 分析的结果一致。

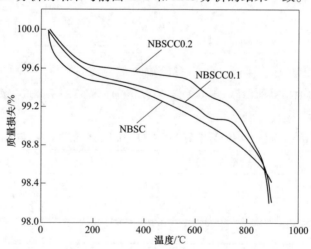

图 6-12 NBSCC$x$($x$=0~0.2)系列样品的热重曲线

## 6.9 热膨胀分析

固体氧化物燃料电池阴极材料的热膨胀系数要与电解质材料匹配，以确保 SOFC 在运行时能够保持稳定性。如图 6-13 所示为 NBSC、NBSCC0.1 和 NBSCC0.2 三种阴极材料的热膨胀曲线。热膨胀系数是影响钴基双钙钛矿氧化物作为 SOFC 阴极材料性能的一个重要因素，高热膨胀系数主要是由于高价态的 $Co^{4+}$ (0.0530 nm) 还原为离子半径较大的低价态 $Co^{3+}$ [29]。在较低温度下，材料中的钴通常以低自旋态 (0.0545 nm) 存在，随着温度的升高，钴的自旋状态逐渐转变为离子半径较大的高自旋态 (0.0610 nm) [30-31]。

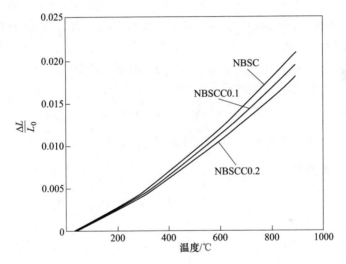

图 6-13 NBSCC$x$($x$=0~0.2) 系列样品在空气中的热膨胀曲线

另外，随着钴平均价态的降低和晶格氧在高温下的流失，材料中会形成更多的氧空位。氧空位的生成导致两个相邻的阳离子之间产生排斥力，从而引发膨胀。通过观察 NBSCC$x$($x$=0~0.2) 系列样品的热膨胀曲线发现，在 300 ℃时样品的热膨胀曲线斜率发生了变化，其是由于钴离子的价态和自旋态的变化所导致的。

NBSC、NBSCC0.1 和 NBSCC0.2 样品在不同温度区间的平均线膨胀系数列于表 6-4 中。在 900 ℃下，NBSC 样品的线膨胀系数为 $24.28×10^{-6}$ $K^{-1}$，而 NBSCC0.2 的线膨胀系数为 $21.01×10^{-6}$ $K^{-1}$。这表明，通过在 Co 位点上引入 Cu，可以有效抑制 $Co^{3+}$ 自旋态的变化，从而降低材料的热膨胀系数。

氧空位的生成不仅仅通过还原 $Co^{4+}$，还可以通过 $Cu^{2+}$ 的形成来实现。Cu 的掺杂不仅促进了氧空位生成、提高了材料的性能，而且还降低了材料的热膨胀系数。这表明 Cu 掺杂对提高材料性能和稳定性具有积极的影响。

表6-4 NBSCC$x$($x=0\sim0.2$)系列样品在不同温度区间的平均线膨胀系数

| 样品 | 平均线膨胀系数/K$^{-1}$ | | | | |
| --- | --- | --- | --- | --- | --- |
| | 35~900 ℃ | 35~200 ℃ | 200~400 ℃ | 400~600 ℃ | 600~900 ℃ |
| NBSC | 24.28×10$^{-6}$ | 16.79×10$^{-6}$ | 20.901×10$^{-6}$ | 25.55×10$^{-6}$ | 30.01×10$^{-6}$ |
| NBSCC0.1 | 22.54×10$^{-6}$ | 15.87×10$^{-6}$ | 19.26×10$^{-6}$ | 23.70×10$^{-6}$ | 27.63×10$^{-6}$ |
| NBSCC0.2 | 21.01×10$^{-6}$ | 14.79×10$^{-6}$ | 17.74×10$^{-6}$ | 21.63×10$^{-6}$ | 25.26×10$^{-6}$ |

## 6.10 电导率分析

如图 6-14 所示为 NBSCC$x$($x=0\sim0.2$) 系列样品的电导率随温度变化曲线，从图中可以观察到，NBSC、NBSCC0.1 和 NBSCC0.2 三个样品的电导率均随着温度的升高而降低，这是典型的金属导电行为。温度大于 200 ℃ 时，由于产生了更多的氧空位，样品的电导率随着温度的升高而迅速降低。这与其他钴基双钙钛矿中电导率随温度的变化一致[32-33]。这种变化可以描述为：

$$2Co_{Co}^{\cdot} + O_O^{\times} \rightleftharpoons 2Co_{Co}^{\times} + V_O^{\cdot\cdot} + \frac{1}{2}O_2$$

铜掺杂导致更多的氧空位形成：

$$2Cu + 2Co_{Co}^{\times} + O_O^{\times} \longrightarrow 2Cu_{Co}' + V_O^{\cdot\cdot} + \frac{1}{2}O_2$$

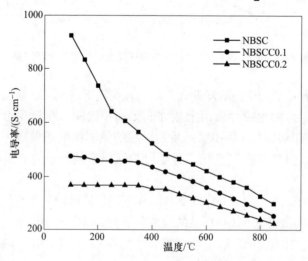

图 6-14　NBSCC$x$($x=0\sim0.2$)系列样品电导率随温度变化曲线

虽然 NBSCC$x$($x=0\sim0.2$) 系列阴极材料的电导率随着 Cu 掺杂量的增加而降

低,但 NBSCC0.2 的最大电导率为 367 S/cm,远高于 SOFC 阴极电导率需达 100 S/cm 的要求。

## 6.11 电化学阻抗分析

为进一步了解 Cu 掺杂对 NBSCC$x$($x$=0~0.2) 系列阴极材料电化学催化性能的影响,在 650~750 ℃ 范围内对制备的 NBSCC$x$|GDC|NBSCC$x$ 对称电池进行了电化学阻抗谱(EIS)测试。如图 6-15 所示为其等效电路拟合后的 EIS 曲线。通过分析 EIS 数据,可以获取用于评价 SOFC 阴极材料电催化性能的关键信息[34]。EIS 曲线的高频和低频区在 $Z'$ 轴上的截距代表了极化电阻的大小。为了方便比较,将电化学阻抗谱中的欧姆电阻归一化至坐标轴原点[35]。从图 6-15 中可以看出,在 600~750 ℃ 的测试温度范围内,随着 Cu 掺杂量的增加,NBSCC$x$($x$=0~0.2)系列样品的极化电阻显著减小。在 650 ℃、700 ℃ 和 750 ℃ 条件下,

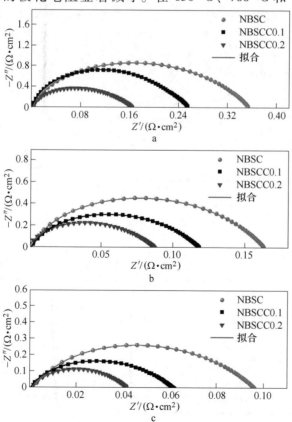

图 6-15 NBSCC$x$($x$=0~0.2)系列样品的 EIS 曲线
a—650 ℃;b—700 ℃;c—750 ℃

NBSCC0.2 样品的极化电阻分别低至 0.16 Ω·cm²、0.09 Ω·cm² 和 0.04 Ω·cm²。相较于相同温度下的 NBSC 样品，NBSCC0.2 的极化电阻分别减小了 55.6%、43.8%和 55.5%。

图 6-16 展示了 NBSC、NBSCC0.1 和 NBSCC0.2 在不同温度下的极化电阻变化。极化电阻的具体值列于表 6-5 中，所有样品的极化电阻均随着测试温度的升高而减小。而且在不同的测试温度下，NBSCC0.2 的极化电阻均最小，其次是 NBSCC0.1，未掺杂 Cu 的 NBSC 的极化电阻最大。这表明 Cu 掺杂提高了 NBSC 的电化学性能，改善了 ORR 动力学，尤其在中低温下具有明显优势。NBSCC0.2 电化学性能的提升与 Cu 掺杂的样品具有较高的氧空位浓度有关。

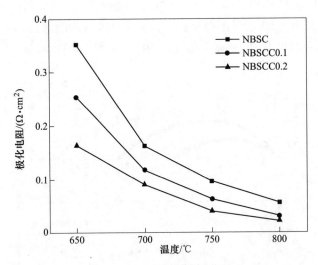

图 6-16 NBSCC$x$($x$=0~0.2) 系列样品在不同温度下的极化电阻变化

表 6-5 NBSCC$x$($x$=0~0.2) 系列样品在不同温度下的极化电阻数据

| 样品 | 极化电阻/(Ω·cm²) | | | |
| --- | --- | --- | --- | --- |
| | 650 ℃ | 700 ℃ | 750 ℃ | 800 ℃ |
| NBSC | 0.353 | 0.163 | 0.096 | 0.056 |
| NBSCC0.1 | 0.255 | 0.118 | 0.063 | 0.031 |
| NBSCC0.2 | 0.164 | 0.091 | 0.041 | 0.022 |

另外，本书对 NBSCC$x$($x$=0~0.2) 系列样品的极化电阻进行了 Arrhenius 拟合。如图 6-17 所示为其极化电阻的 Arrhenius 拟合图。通过拟合结果，计算得出

NBSC、NBSCC0.1 和 NBSCC0.2 三个样品的活化能（$E_a$）分别为 1.22 eV、1.19 eV 和 1.10 eV。在整个 650~750 ℃测试温度范围内，NBSCC0.2 具有最低的极化电阻和活化能，证明了其卓越的电化学催化性能。

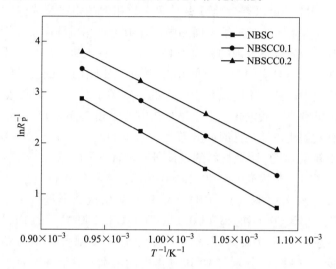

图 6-17　NBSCC$x$($x$=0~0.2)系列样品极化电阻的 Arrhenius 拟合图

## 6.12　弛豫时间分布分析

高催化活性的阴极材料是固体氧化物燃料电池（SOFC）中低温化应用的关键，电化学阻抗谱（EIS）是表征新型 SOFC 阴极材料电化学性能常用的手段，其工作原理是在很宽的频率范围内（mHz~MHz）获得一个小电流/电压偏置信号的响应特性，据此可以获得不同时间尺度下发生的物理、电化学过程信息，包括物质运输、反应动力学甚至热力学过程等，从而明确电极反应历程和阐明反应机理，并可得到与氧化还原反应相关的氧扩散系数等相应参数。

用于解析 EIS 数据的最常用方法是等效电路法，其中包含电阻、电容、电感等电子元件。高频部分可以用电阻和电感拟合，低频部分通常选择 Warburg 阻抗或 Warburg 阻抗与电容的串联电路拟合，中高频部分常用一个或多个 RQ 元件（电阻 R 与恒相角元件 Q 的并联电路）拟合。通过最小二乘法等拟合方法可以得到多种不同的等效电路，在没有先验知识的条件下无法选择一个具有物理意义的等效电路模拟材料内部的电化学过程，所以等效电路法存在明显的不足，即同一个阻抗谱能够用多个等效电路拟合，拟合过程缺乏科学理论支撑[36]。

与等效电路法不同，弛豫时间分布（distribution of relaxation time，简称

DRT)法在解析EIS数据时有两个明显的优势:一是不需要预先建模,DRT法的核心思想是基于频域中离散的阻抗数据反演得到时域中连续的DRT函数,从而直接获取电池极化内阻在时间常数域内的分布,无需任何与电极反应相关的先验信息;二是DRT法可以有效地分离时间常数相近的电极反应过程,这些过程对应的几何特征在EIS的阻抗复平面图中往往由于互相重叠而难以识别,在采用等效电路法时,会导致不合理的建模和EIS解析。在电极反应中,不同的电化学反应过程通常可以与对应的弛豫时间相互关联,因而DRT的统计结果往往能够反映出电极反应中所涉及不同电化学过程的主次关系。对于SOFC阴极而言,弛豫时间分布法可解决一般电化学阻抗谱分析方法中频率分辨率较低、电化学过程的数量难以有效解析以及弛豫时间分布无法求解的问题,是研究SOFC阴极性能的关键,对于新型SOFC阴极材料的设计研发具有重要的意义[37-38]。

因此,为了进一步探究NBSCC$x$($x$=0~0.2)系列阴极材料中的ORR电化学过程,本书采用弛豫时间分布(DRT)法对交流阻抗数据进行了解析。图6-18显示了NBSC、NBSCC0.1和NBSCC0.2在700 ℃和750 ℃时的DRT曲线。在图6-18中DRT的峰值可以根据频率的差异分为3个部分,即高频(HF)、中频(IF)和低频(LF),分别与ORR过程中的电荷转移、氧解离、氧吸附和气体扩散过程相对应[39-40];可以看出,所有样品在各频率范围内的峰值随Cu掺杂量的提高而减小,特别是在高、中频区域内的减小幅度最大,这说明随着Cu含量的增加,阴极的电荷转移和氧解离过程得到改善和增强,这与电极中氧空位浓度的增加有关。

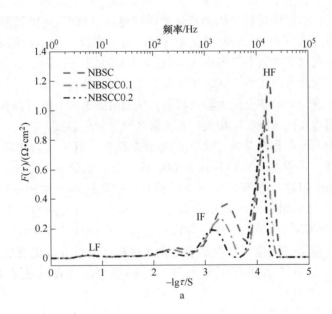

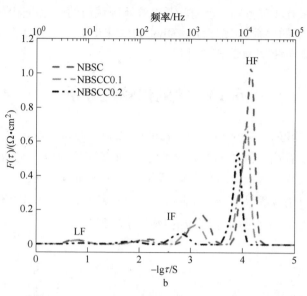

图 6-18　NBSCC$x$($x$=0~0.2)系列样品在 700 ℃和 750 ℃时的 DRT 曲线

a—700 ℃; b—750 ℃

根据 DRT 拟合结果,可以得到不同频率范围内的极化电阻。如图 6-19 所示为 NBSC、NBSCC0.1 和 NBSCC0.2 在 650~800 ℃范围内不同频率的极化电阻。从图 6-19 中可以看出,与 NBSC 和 NBSCC0.1 相比,NBSCC0.2 在所有温度和频率范围内的极化电阻都最小。值得注意的是,当温度为 650 ℃时,NBSC 和 NBSCC0.1 样品的中频区域的极化电阻值要高于其他两个频率。而当温度在 700 ℃

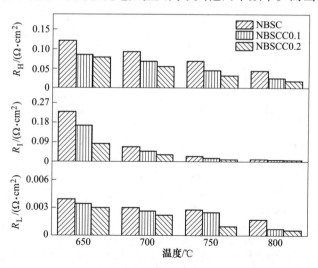

图 6-19　NBSCC$x$($x$=0~0.2)系列样品在 650~800 ℃范围内不同频率的极化电阻

以上时，对比所有频率范围，所有样品在高频区域内的极化电阻值最大，这代表了在 700~800 ℃ 的电荷转移过程是 ORR 的限速步骤。当温度降低至 650 ℃ 时，ORR 的限速步骤转变为氧的解离过程。

## 6.13 氧的依赖性分析

图 6-20 为 NBSC、NBSCC0.1 和 NBSCC0.2 在 700 ℃ 不同氧分压下的 EIS 曲线，从图中可以看出，随着氧分压的增加，所有样品的极化电阻值均呈降低趋势，体现了氧气浓度对 ORR 过程的重要影响。极化电阻（$R_p$）与氧分压（$p_{O_2}$）之间的关系可以用方程 $R_p = k p_{O_2}^{-n}$ 来表示，其中 $n$ 表示 ORR 过程中不同的氧电极过程。如图 6-21 所示为不同 $n$ 值对应的 ORR 子过程[41-44]。

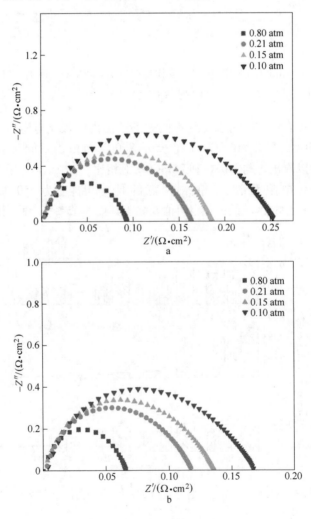

## 6.13 氧的依赖性分析

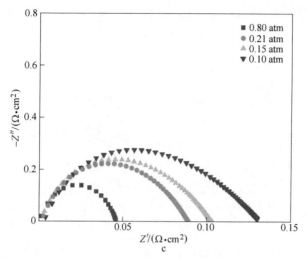

图 6-20　NBSCC$x$($x$=0~0.2)系列样品在 700 ℃不同氧分压下的 EIS 曲线
(1atm=1.01325×10$^5$ Pa)
a—NBSC；b—NBSCC0.1；c—NBSCC0.2

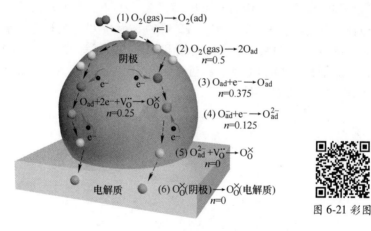

图 6-21　不同 $n$ 值对应的 ORR 子过程

本书对样品 NBSCC0.2 在不同氧分压下的电化学阻抗谱进行了 DRT 拟合分析。如图 6-22 所示为在 700 ℃时，NBSCC0.2 在 0.1~0.8 atm(1 atm=1.01325×10$^5$ Pa)氧分压下的 DRT 曲线。可以看出，图 6-22 中在 0.1~0.21 atm(1 atm=1.01325×10$^5$ Pa)处有四个明显的峰，由高频到低频依次记为 P1、P2、P3 和 P4。值得注意的是，所有峰的强度均随着氧分压的升高而减小。尤其是当氧分压为 0.8 atm(1 atm=1.01325×10$^5$ Pa)时，只出现了 P1、P2、P3 三个峰，在低频范围内的 P4 峰消失。这是由于氧分压的升高加速了氧气吸附过程。

如图 6-23 所示为在 700 ℃时，P1、P2、P3 和 P4 的极化电阻对氧分压的依

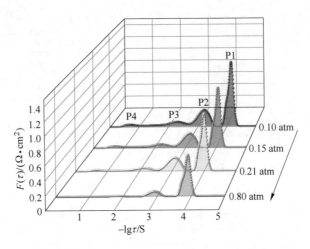

图 6-22 NBSCC0.2 在不同氧分压下的 DRT 曲线

(1 atm = 1.01325×10⁵ Pa)

赖关系。通过拟合，可以计算出 P1、P2、P3 和 P4 所代表的 ORR 子过程的 $n$。计算得到的高频区 P1 峰的 $n$ 为 0.28，接近 0.25，表明 P1 所代表的 ORR 子过程与电荷转移过程有关。计算得到 P2 峰的 $n$ 为 0.79，在 0.5~1 范围内，说明 P2 所代表的 ORR 子过程与氧吸附解离和气体扩散过程有关。计算得到 P3 峰和 P4 峰的 $n$ 分别为 1.33 和 1.09，接近于 1，说明 P3 和 P4 所代表的 ORR 子过程与氧吸附或气体扩散过程相关。

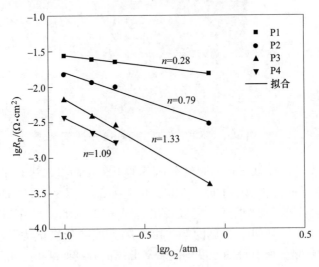

图 6-23 不同频率区极化电阻与氧分压的关系

(1 atm = 1.01325×10⁵ Pa)

另外，值得注意的是，在氧分压为 0.21 atm（1 atm = 1.01325×10⁵ Pa）时，P1 峰的积分面积大于其他峰的积分面积，说明此时 NBSCC$x$（$x$=0~0.2）系列阴极材料上 ORR 过程的限速步骤是电荷转移过程。这一结果与之前对不同温度下 NBSCC$x$（$x$=0~0.2）系列阴极材料在不同频率下的极化电阻的分析结果一致。

## 6.14 氧空位形成能的第一性原理计算

上述 XPS、TGA、ESI 和 DRT 分析表明 Cu 掺杂有效地促进了 NBSCC$x$（$x$=0~0.2）系列阴极材料中氧空位的生成，降低了极化电阻，提升了阴极材料的电化学催化性能。为了从理论上探讨 Cu 的引入对 NBSCC$x$（$x$=0~0.2）系列阴极材料中氧空位形成的影响，本书计算了 NBSCC0.2 样品中氧空位的形成能。采用第一性原理计算方法对 NBSCC0.2 中不同位置氧空位的形成能进行了理论模拟计算。理论计算采用的结构模型和计算结果分别如图 6-24 和图 6-25 所示。

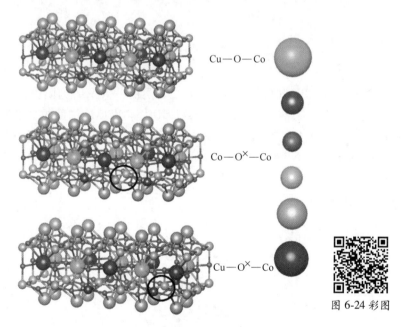

图 6-24　氧空位形成能理论计算构建的模型

从图 6-25 中可以看出 Cu 掺杂之后的 NBSCC0.2 的 Co—O$^×$—Co 与 Cu—O$^×$—Co 氧空位形成能分别为 2.03 eV 与 2.61 eV，均小于 NBSC 的 Co—O$^×$—Co 氧空位形成能 2.68 eV。这表明 Cu 掺杂后降低了材料中的氧空位形成能，从而促进了材料中氧空位的形成。NBSCC0.2 中的氧空位浓度最高，从而使其表现出最好的电化学催化性能。

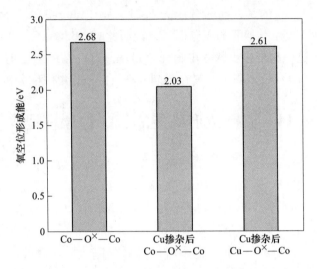

图 6-25 不同位置氧空位形成能

## 6.15 全电池性能分析

以 NBSC、NBSCC0.1 和 NBSCC0.2 为阴极，Ni-YSZ 为阳极，YSZ 为电解质，GDC 为缓冲层，制备了 Ni-YSZ｜YSZ｜GDC｜NBSCC$x$ 构型的全电池。图 6-26 为 NBSC、NBSCC0.1 和 NBSCC0.2 在 600~750 ℃范围内的电流密度-电压-功率密度曲线。图 6-27 为 NBSC、NBSCC0.1 和 NBSCC0.2 的最大功率密度对比图，可以

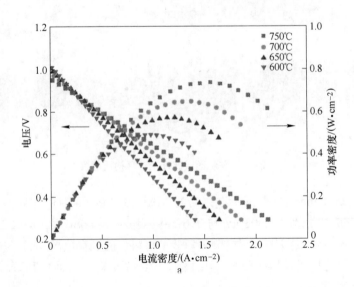

a

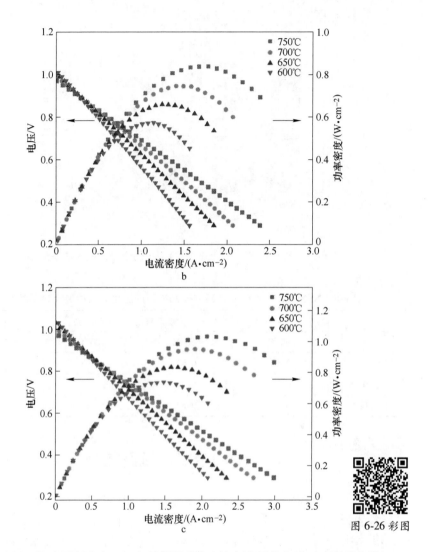

图 6-26　基于 NBSCC$x$($x$=0~0.2)阴极的全电池电流密度-电压-功率密度曲线
a—NBSC；b—NBSCC0.1；c—NBSCC0.2

看出，在所有的测试温度下，NBSCC0.2 均具有最高的输出功率密度。各温度下详细的输出功率密度值列于表 6-6。NBSCC0.2 在 600 ℃、650 ℃、700 ℃ 和 750 ℃ 时的最大功率密度（MPD）分别为 0.74 W/cm$^2$、0.84 W/cm$^2$、0.95 W/cm$^2$ 和 1.03 W/cm$^2$，与 NBSC 相比，分别提高了 34%、32%、32% 和 28%。以上结果体现了 Cu 掺杂对 NBSC 电化学性能提升的重要影响，并且 NBSCC0.2 是一种具有应用前景的中温 SOFC 阴极材料。

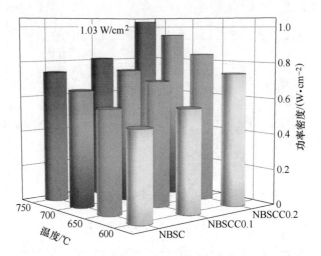

图 6-27 基于 NBSCC$x$($x$=0~0.2)阴极的全电池最大功率密度

表 6-6 NBSCC$x$($x$=0~0.2)系列样品在不同温度输出的最大功率密度

| 样品 | 最大功率密度/(W·cm$^{-2}$) | | | |
| --- | --- | --- | --- | --- |
| | 600 ℃ | 650 ℃ | 700 ℃ | 750 ℃ |
| NBSC | 0.49 | 0.57 | 0.65 | 0.74 |
| NBSCC0.1 | 0.57 | 0.70 | 0.75 | 0.81 |
| NBSCC0.2 | 0.74 | 0.84 | 0.95 | 1.03 |

## 6.16 平均金属—氧键能分析

Cu 掺杂的 NBSCC$x$($x$=0~0.2) 阴极材料性能的提升与 Cu 掺杂降低氧空位形成所需能量以及平均金属—氧键能（ABE）的变化有关[45-46]。钙钛矿材料的<ABE>由 A 位金属—氧键的能量<A—O>和 B 位金属—氧键的能量<B—O>组成，可以通过以下公式计算[47]：

$$< ABE > = < A—O > + < B—O > \tag{6-1}$$

$$< A—O > = \Delta(A—O) + \Delta(A'—O) \tag{6-2}$$

$$< B—O > = \Delta(B—O) + \Delta(B'—O) \tag{6-3}$$

$$\Delta(A—O) = \frac{x_A}{CN_A m}\Delta H_{A_m O_n} - m\Delta H_A - \frac{n}{2}D_{O_2} \tag{6-4}$$

$$\Delta(B—O) = \frac{y_B}{CN_B m}\Delta H_{B_m O_n} - m\Delta H_B - \frac{n}{2}D_{O_2} \tag{6-5}$$

式中，$x_A$ 和 $y_B$ 分别为钙钛矿中 A 位和 B 位金属的摩尔分数；$\Delta H_{A_m O_n}$ 和 $\Delta H_{B_m O_n}$

分别为 1 mol A 位和 B 位金属氧化物的生成焓；$\Delta H_A$ 和 $\Delta H_B$ 分别为 A 位和 B 位金属 25 ℃时的升华焓；$CN_A$ 和 $CN_B$ 分别为 A 位和 B 位金属的配位数；$D_{O_2}$ 为氧气的解离能。

对于 NBSCC$x$（$x$ = 0 ~ 0.2）系列样品来说，$\Delta H_{Nd}$ = 296.0 kJ/mol，$\Delta H_{Ba}$ = 147.4 kJ/mol，$\Delta H_{Sr}$ = 164.1 kJ/mol，$\Delta H_{Co}$ = 424.7 kJ/mol，$\Delta H_{Cu}$ = 337.7 kJ/mol，$\Delta H_{Nd_2O_3}$ = -1807.9 kJ/mol，$\Delta H_{BaO}$ = -548.0 kJ/mol，$\Delta H_{SrO}$ = -592.0 kJ/mol，$\Delta H_{Co_3O_4}$ = -891.0 kJ/mol，$\Delta H_{CuO}$ = -157.3 kJ/mol。通过计算，得到<A—O>、<B—O>和<ABE>的值见表6-7，可以看出，Cu 掺杂后的 NBSCC0.1 和 NBSCC0.2 的<ABE>值均低于未掺杂的 NBSC，体现了 Cu 掺杂对 NBSC 中平均金属—氧键能的重要影响，与前面理论计算的结论相吻合。

表6-7 NBSCC$x$（$x$=0~0.2）系列样品的<A—O>、<B—O>和<ABE>

| 样 品 | <A—O>/(kJ · mol$^{-1}$) | | | <B—O>/(kJ · mol$^{-1}$) | | <ABE> /(kJ · mol$^{-1}$) |
|---|---|---|---|---|---|---|
| | <Nd—O> | <Ba—O> | <Sr—O> | <Co—O> | <Cu—O> | |
| NBSC | -81.65 | -40.76 | -41.93 | -176.92 | | -341.3 |
| NBSCC0.1 | -81.65 | -40.76 | -41.93 | -168.07 | -6.21 | -338.6 |
| NBSCC0.2 | -81.65 | -40.76 | -41.93 | -159.23 | -12.42 | -335.0 |

## 6.17 $CO_2$ 耐受性分析

深入研究含有碱土金属的 SOFC 阴极对 $CO_2$ 的耐受性至关重要。通常含 Sr 的钙钛矿结构阴极材料会与空气中的 $CO_2$ 反应，在材料表面形成 $SrCO_3$，从而导致阴极性能的衰减[48-51]。本书在 650 ℃的 $CO_2$ 气氛下对 NBSCC$x$（$x$ = 0~0.2）系列阴极材料进行了 10 h 的热处理，并对该系列阴极材料的 $CO_2$ 耐受性进行了研究。根据傅里叶变换红外光谱（FT-IR），如图 6-28 所示，发现在图中的 860 cm$^{-1}$ 和 1440 cm$^{-1}$ 处出现了碳酸盐的两个特征峰[52]，表明经过 $CO_2$ 热处理后的材料中有碳酸盐存在。值得注意的是，碳酸盐的峰强度随着 Cu 含量的增加而逐渐减弱，这表明 Cu 掺杂后，碳酸盐的生成受到了抑制，材料 $CO_2$ 耐受性得到了显著提高。

为进一步研究 NBSCC$x$（$x$ = 0~0.2）系列阴极材料的 $CO_2$ 耐受性，本书对 NBSCC$x$（$x$=0~0.2）在不同 $CO_2$ 含量气氛下进行了电化学性能测试。图 6-29 展示了 NBSCC$x$（$x$=0~0.2）系列阴极材料在 700 ℃时不同 $CO_2$ 含量气氛下的极化电阻的变化，可以看出，所有样品的极化电阻随着 $CO_2$ 含量的增加而增大。然而，Cu 掺杂的 NBSCC0.1 和 NBSCC0.2，其极化电阻增长速率明显低于未掺杂 Cu 的 NBSC。具体的 NBSC、NBSCC0.1 和 NBSCC0.2 的极化电阻值列于表 6-8 中。

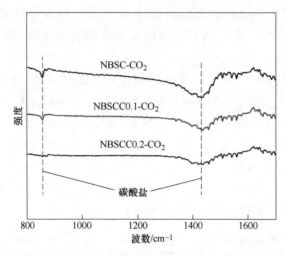

图 6-28 NBSCC$x$($x$=0~0.2)系列阴极材料经 $CO_2$ 热处理后的 FT-IR 图

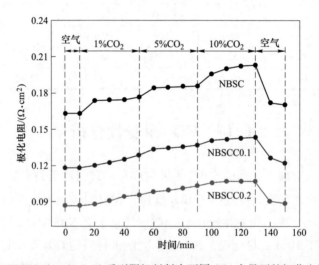

图 6-29 NBSCC$x$($x$=0~0.2)系列阴极材料在不同 $CO_2$ 含量下的极化电阻变化图

表 6-8 NBSCC$x$($x$=0~0.2)系列样品在不同 $CO_2$ 含量下的极化电阻

| 样 品 | 极化电阻/($\Omega \cdot cm^2$) | | | | |
| --- | --- | --- | --- | --- | --- |
| | 10 min 空气 | 50 min<br>1% $CO_2$ | 90 min<br>5% $CO_2$ | 130 min<br>10% $CO_2$ | 150 min<br>空气 |
| NBSC | 0.163 | 0.176 | 0.186 | 0.203 | 0.170 |
| NBSCC0.1 | 0.118 | 0.128 | 0.137 | 0.144 | 0.123 |
| NBSCC0.2 | 0.091 | 0.099 | 0.107 | 0.111 | 0.092 |

图 6-30 为 NBSC、NBSCC0.1 和 NBSCC0.2 系列样品在空气中、经过 $CO_2$ 热

6.17 CO$_2$ 耐受性分析

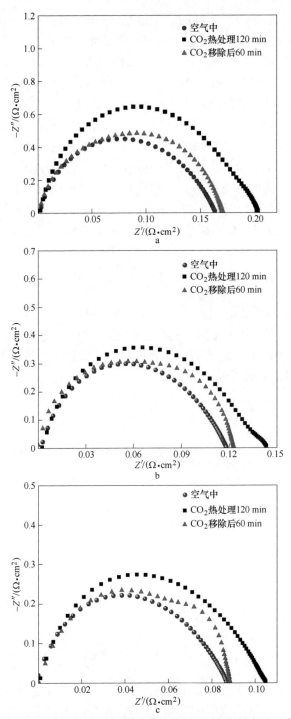

图 6-30 NBSCC$x$($x$=0~0.2)系列样品在不同气氛中的 EIS 曲线
a—NBSC；b—NBSCC0.1；c—NBSCC0.2

处理 120 min 以及恢复至空气 60 min 后的电化学阻抗谱（EIS），可以看到，在空气条件下恢复 60 min 后，NBSCC0.2 的极化电阻恢复到了最初的空气条件下的水平，而 NBSC 和 NBSCC0.1 的极化电阻均未恢复到最初水平。这体现了 Cu 掺杂后，显著提升了材料的 $CO_2$ 耐受性，并且 Cu 掺杂后的样品在经 $CO_2$ 热处理后，其性能具有良好的可恢复性，尤其是 NBSCC0.2 样品。

NBSCC0.2 相较于 NBSC 表现出更强的 $CO_2$ 耐受性的原因在于 $O_2$ 和 $CO_2$ 相互竞争，争夺阴极材料表面吸附活性位点。与 NBSC（-341.3 kJ/mol）相比，NBSCC0.2（-335.0 kJ/mol）具有更低的<ABE>值。较小的<ABE>将有利于 $O^{2-}$ 的扩散，降低传输激活能，提高氧化还原活性，并减小极化电阻。这与已报道的 $Sr_{0.95}Co_{0.9}Nb_{0.1}O_{3-\delta}$（SCN0.95）相似，相较于 $SrCo_{0.9}Nb_{0.1}O_{3-\delta}$（SCN），SCN0.95 表现出更高的电化学活性、$CO_2$ 耐受性和更低的<ABE>值[53-54]。

## 6.18 稳定性分析

为了探究 NBSCC0.2 的性能稳定性，对 Ni-YSZ｜YSZ｜GDC｜NBSCC0.2 构型的全电池在 700 ℃、0.3 A/cm$^2$ 的电流密度下进行稳定性测试。如图 6-31 所示，经过 60 h 的稳定性测试后，电池的性能未发生衰减，表明 Cu 掺杂的 NBSCC0.2 具有优异的性能稳定性。

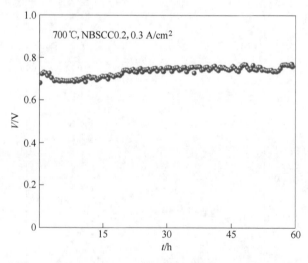

图 6-31 基于 NBSCC0.2 阴极的全电池稳定性测试结果

如图 6-32 所示为稳定性测试后全电池横截面的 SEM 图像，NBSCC0.2 阴极呈现多孔结构，GDC 电解质层较致密。经过 60 h 的测试后，在 NBSCC｜GDC 和 Ni-YSZ｜YSZ 的界面上未出现裂纹，表明阳极/电解质/阴极三层之间有良好的黏附性，全电池的结构和性能均具有较高的稳定性。

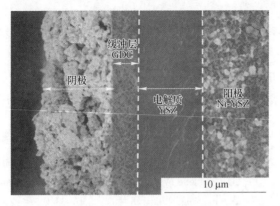

图 6-32　基于 NBSCC0.2 阴极的全电池横截面 SEM 图像

## 6.19　本章小结

本章研究选用双钙钛矿 $NdBa_{0.5}Sr_{0.5}Co_2O_{5+\delta}$ 氧化物作为基体材料，通过在 B 位引入 Cu 进行掺杂，旨在改善材料的热膨胀系数、电学、电化学性能以及 $CO_2$ 耐受性，成功制备了一系列 $NdBa_{0.5}Sr_{0.5}Co_{2-x}Cu_xO_{5+\delta}$($x=0\sim0.2$) 阴极材料；并对其进行了实验测试和理论研究，包括相结构、热稳定性、电化学性能、$CO_2$ 耐受性和输出功率等方面的考察。

(1) XRD 分析结果显示，Cu 取代 Co 后，样品仍保持 $P4/mmm$ 的四方结构，同时晶格体积增大。

(2) XPS、XAS 和 TGA 的研究结果表明，Cu 掺杂有效提高了氧空位浓度，并降低了 Co 离子的平均价态。

(3) TEC 测试结果表明，NBSCC0.2 样品具有最低的平均线膨胀系数，为 $21.01\times10^{-6}$ $K^{-1}$。这证实了 Cu 的引入可以有效抑制 $Co^{3+}$ 自旋状态的变化，使材料保持热稳定性。

(4) 尽管材料的电导率随 Cu 掺杂量增加而减小，但 NBSCC0.2 样品仍具有 518 S/cm 的电导率，满足作为 SOFC 阴极的要求。

(5) NBSCC0.2 样品表现出最佳的电化学性能，在 700 ℃ 下的极化电阻为 0.091 $\Omega\cdot cm^2$，相比于基体材料降低了 55.8%。NBSCC0.2 具有最低的活化能 (1.10 eV)，证明 Cu 的引入能够加速 ORR 过程的反应速率。单电池性能测试显示，NBSCC0.2 样品在 750 ℃ 时具有 1.03 W/cm 的最大功率密度。

(6) 第一性原理计算表明，Cu 掺杂有效降低了材料内部的氧空位形成能；

计算结果还表明，Cu 掺杂后，材料的平均金属—氧键能减小，有利于氧空位的生成。

（7）$CO_2$ 耐受性测试结果表明，Cu 掺杂有效抑制了阴极表面碳酸盐的生成，提高了材料的 $CO_2$ 耐受性和 $CO_2$ 热处理后的性能可恢复性。

综上所述，Cu 掺杂的 $NdBa_{0.5}Sr_{0.5}Co_2O_{5+\delta}$ 阴极材料在多个方面展现出卓越的性能，为其在固体氧化物燃料电池领域的应用提供了有力的支持。

参 考 文 献

[1] WANG H, ZHANG W, GUAN K, et al. Enhancing activity and durability of A-site-deficient ($La_{0.6}Sr_{0.4}$)$_{0.95}Co_{0.2}Fe_{0.8}O_{3-\delta}$ cathode by surface modification with $PrO_{2-\delta}$ nanoparticles [J]. ACS Sustainable Chemistry & Engineering, 2020, 8 (8): 3367-3380.

[2] JANG I, KWON J, KIM C, et al. Boosted oxygen reduction reaction activity by ordering cations in the A-site of a perovskite catalyst [J]. ACS Sustainable Chemistry & Engineering, 2023, 11 (12): 4623-4632.

[3] KUMAR R V, KHANDALE A P. A review on recent progress and selection of cobalt-based cathode materials for low temperature-solid oxide fuel cells [J]. Renewable and Sustainable Energy Reviews, 2022, 156: 111985.

[4] XIANG Y, JIANG C, ZHENG D, et al. Interlayer conducting mechanism in α-$LiAlO_2$ Enables fast proton transport with low activation energy for solid oxide fuel cells [J]. ACS Sustainable Chemistry & Engineering, 2022, 10 (46): 15094-15103.

[5] ZAMUDIO-GARCIA J, CAIZAN-JUANARENA L, PORRAS-VAZQUEZ J M, et al. Boosting the performance of $La_{0.8}Sr_{0.2}MnO_{3-\delta}$ electrodes by the incorporation of nanocomposite active layers [J]. Advanced Materials Interfaces, 2022, 9 (22): 2200702.

[6] ZHANG X, ZHENG Y, DING Z, et al. Nanoscale intertwined biphase nanofiber as active and durable air electrode for solid oxide electrochemical cells [J]. ACS Sustainable Chemistry & Engineering, 2023, 11 (23): 8592-8602.

[7] CHEN S, ZHANG H, YAO C, et al. Review of SOFC cathode performance enhancement by surface modifications: Recent advances and future directions [J]. Energy & Fuels, 2023, 37 (5): 3470-3487.

[8] YANG G, SU C, SHI H, et al. Toward reducing the operation temperature of solid oxide fuel cells: Our past 15 years of efforts in cathode development [J]. Energy & Fuels, 2020, 34 (12): 15169-15194.

[9] KONG Y, SUN C, WU X, et al. Composite fiber as cathode of intermediate temperature solid oxide fuel cells [J]. ACS Sustainable Chemistry & Engineering, 2020, 9: 3950-3958.

[10] LI P, DONG R, WANG R, et al. The performance of ruddlesden-popper (R-P) structured $Pr_{2-x}Sr_xNi_{0.2}Mn_{0.8}O_4$ for reversible single-component cells [J]. ACS Sustainable Chemistry & Engineering, 2021, 9 (40): 13582-13594.

[11] SUN S, CHENG Z. $SrCo_{0.8}Nb_{0.1}Ta_{0.1}O_{3-\delta}$ based cathodes for electrolyte-supported proton-conducting solid oxide fuel cells: Comparison with $Ba_{0.5}Sr_{0.5}Co_{0.8}Fe_{0.2}O_{3-\delta}$ based cathodes and implications [J]. Journal of the Electrochemical Society, 2020, 167 (2): 024514.

[12] YANG Z, XIA T, DONG Z, et al. Considerable oxygen reduction activity and durability of BaO nanoparticles-decorated $Ln_{0.94}BaCo_2O_{5+\delta}$ electrocatalysts [J]. Separation and Purification Technology, 2023, 317: 123936.

[13] YAO C, YANG J, ZHANG H, et al. Ca-doped $PrBa_{1-x}Ca_xCoCuO_{5+\delta}$ ($x=0-0.2$) as cathode materials for solid oxide fuel cells [J]. Ceramics International, 2022, 48 (6): 7652-7662.

[14] WANG B, LONG G, JI Y, et al. Layered perovskite $PrBa_{0.5}Sr_{0.5}CoCuO_{5+\delta}$ as a cathode for intermediate-temperature solid oxide fuel cells [J]. Journal of Alloys and Compounds, 2014, 606: 92-96.

[15] YAO C, ZHANG H, LIU X, et al. Investigation of layered perovskite $NdBa_{0.5}Sr_{0.25}Ca_{0.25}Co_2O_{5+\delta}$ as cathode for solid oxide fuel cells [J]. Ceramics International, 2018, 44 (11): 12048-12054.

[16] ZHANG H, YANG J, WANG P, et al. Novel cobalt-free perovskite $PrBaFe_{1.9}Mo_{0.1}O_{5+\delta}$ as a cathode material for solid oxide fuel cells [J]. Solid State Ionics, 2023, 391: 116144.

[17] ZHANG H, WANG P, YAO C, et al. Recent advances of ferro-/piezoelectric polarization effect for dendrite-free metal anodes [J]. Rare Metals, 2023, 42: 2516-2544.

[18] LIU J, JIN F, YANG X, et al. $YBaCo_2O_{5+\delta}$-based double-perovskite cathodes for intermediate-temperature solid oxide fuel cells with simultaneously improved structural stability and thermal expansion properties [J]. Electrochimica Acta, 2019, 297: 344-354.

[19] HU H, LU Y, ZHOU X, et al. A/B-site co-doping enabled fast oxygen reduction reaction and promoted $CO_2$ tolerance of perovskite cathode for solid oxide fuel cells [J]. Journal of Power Sources, 2022, 548: 232049.

[20] CHOI H, CHO G Y, CHA S W. Fabrication and characterization of anode supported YSZ/GDC bilayer electrolyte SOFC using dry press process [J]. International Journal of Precision Engineering and Manufacturing-Green Technology, 2014, 2: 95-99.

[21] WANG Z, WANG Y, WANG J, et al. Rational design of perovskite ferrites as high-performance proton-conducting fuel cell cathodes [J]. Nature Catalysis, 2022, 9: 777-787.

[22] JO M, BAE H, PARK K, et al. Layered barium cobaltite structure materials containing perovskite and $CdI_2$-based layers for reversible solid oxide cells with exceptionally high performance [J]. Chemical Engineering Journal, 2023, 451: 138954.

[23] LIU Y, SHENG W, WU Z. Synchrotron radiation and its applications progress in inorganic materials [J]. Journal of Inorganic Materials, 2021, 36 (9): 901-918.

[24] LE S, LI C, SONG X, et al. A novel Nb and Cu co-doped $SrCoO_{3-\delta}$ cathode for intermediate temperature solid oxide fuel cells [J]. International Journal of Hydrogen Energy, 2020, 45 (18): 10862-10870.

[25] CASCOS V, TRONCOSO L, LARRALDE A, et al. M = $Ir^{4+}$, $Ta^{5+}$-doped $SrCo_{0.95}M_{0.05}O_{3-\delta}$ perovskites: Promising solid-oxide fuel-cell cathodes [J]. ACS Applied Energy Materials, 2021, 4 (1): 500-509.

[26] SUN J, LIU X, HAN F, et al. $NdBa_{1-x}Co_2O_{5+\delta}$ as cathode materials for IT-SOFC [J]. Solid State Ionics, 2016, 288: 54-60.

[27] YOUSAF M, AKBAR M, SHAH M, et al. Enhanced ORR catalytic activity of rare earth-doped Gd oxide ions in a $CoFe_2O_4$ cathode for low-temperature solid oxide fuel cells (LT-SOFCs) [J]. Ceramics International, 2022, 48 (19): 28142-28153.

[28] GAO Y, HUANG X, YUAN M, et al. A $SrCo_{0.9}Ta_{0.1}O_{3-\delta}$ derived medium-entropy cathode with superior $CO_2$ poisoning tolerance for solid oxide fuel cells [J]. Journal of Power Sources, 2022, 540: 231661.

[29] PARK S, CHOI S, SHIN J, et al. Tradeoff optimization of electrochemical performance and thermal expansion for Co-based cathode material for intermediate-temperature solid oxide fuel cells [J]. Electrochimica Acta, 2014, 125: 683-690.

[30] YOO S, CHOI S, KIM J, et al. Investigation of layered perovskite type $NdBa_{1-x}Sr_xCo_2O_{5+\delta}$ ($x=$ 0, 0.25, 0.5, 0.75, and 1.0) cathodes for intermediate-temperature solid oxide fuel cells [J]. Electrochimica Acta, 2013, 100: 44-50.

[31] WANG S, HSU Y, LIAO Y, et al. High-performance $NdSrCo_2O_{5+\delta}$-$Ce_{0.8}Gd_{0.2}O_{2-\delta}$ composite cathodes for electrolyte-supported microtubular solid oxide fuel cells [J]. International Journal of Hydrogen Energy, 2021, 46 (62): 31778-31787.

[32] FU D, JIN F, HE T. A-site calcium-doped $Pr_{1-x}Ca_xBaCo_2O_{5+\delta}$ double perovskites as cathodes for intermediate-temperature solid oxide fuel cells [J]. Journal of Power Sources, 2016, 313: 134-141.

[33] YAO C, ZHANG H, LIU X, et al. Characterization of layered double perovskite $LaBa_{0.5}Sr_{0.25}Ca_{0.25}Co_2O_{5+\delta}$ as cathode material for intermediate-temperature solid oxide fuel cells [J]. Journal of Solid State Chemistry, 2018, 265: 72-78.

[34] YAO C, ZHANG H, DONG Y, et al. Characterization of Ta/W co-doped $SrFeO_{3-\delta}$ perovskite as cathode for solid oxide fuel cells [J]. Journal of Alloys and Compounds, 2019, 797: 205-212.

[35] YAO C, ZHANG H, LIU X, et al. A niobium and tungsten co-doped $SrFeO_{3-\delta}$ perovskite as cathode for intermediate temperature solid oxide fuel cells [J]. Ceramics International, 2019, 45 (6): 7351-7358.

[36] 江文涌, 杨铠聪, 王功伟, 等. 弛豫时间分布方法的原理与应用 [J]. 科学通报, 2023, 68 (30): 3899-3912.

[37] 庄林. 弛豫时间分布法分解固体氧化物燃料电池电化学阻抗谱 [J]. 物理化学学报, 2019, 35 (5): 457-458.

[38] LI H, WEI W, LIU F, et al. Identification of internal polarization dynamics for solid oxide fuel

cells investigated by electrochemical impedance spectroscopy and distribution of relaxation times [J]. Energy, 2023, 267: 126482.

[39] ZHANG Y, SHEN L, WANG Y, et al. Enhanced oxygen reduction kinetics of IT-SOFC cathode with $PrBaCo_2O_{5+\delta}/Gd_{0.1}Ce_{0.9}O_{2-\delta}$ coherent interface [J]. Journal of Materials Chemistry A, 2022, 10 (7): 3495-3505.

[40] LIU K, LU F, JIA X, et al. A high performance thermal expansion offset composite cathode for IT-SOFCs [J]. Journal of Materials Chemistry A, 2022, 10 (45): 24410-24421.

[41] VAN HEUVELN F, BOUWMEESTER H J. Electrode properties of Sr-doped $LaMnO_3$ on yttria-stabilized zirconia: II. Electrode kinetics [J]. Journal of the Electrochemical Society, 1997, 144 (1): 134.

[42] KIM J D, KIM G D, MOON J W, et al. Characterization of LSM-YSZ composite electrode by ac impedance spectroscopy [J]. Solid State Ionics, 2001 (3/4): 379-389.

[43] LI M, REN Y, ZHU Z, et al. $La_{0.4}Bi_{0.4}Sr_{0.2}FeO_{3-\delta}$ as cobalt-free cathode for intermediate-temperature solid oxide fuel cell [J]. Electrochimica Acta, 2016, 191: 651-660.

[44] ZHANG C, HUANG K. A new composite cathode for intermediate temperature solid oxide fuel cells with zirconia-based electrolytes [J]. Journal of Power Sources, 2017, 342: 419-426.

[45] DING X, GAO Z, DING D, et al. Cation deficiency enabled fast oxygen reduction reaction for a novel SOFC cathode with promoted $CO_2$ tolerance [J]. Applied Catalysis B: Environmental, 2019, 243: 546-555.

[46] ZHANG Y, YANG G, CHEN G, et al. Evaluation of the $CO_2$ poisoning effect on a highly active cathode $SrSc_{0.175}Nb_{0.025}Co_{0.8}O_{3-\delta}$ in the oxygen reduction reaction [J]. ACS Applied Materials & Interfaces, 2018, 8 (5): 3003-3011.

[47] VOORHOEVE R, REMEIKA J, TRIMBLE L. Defect chemistry and catalysis in oxidation and reduction over perovskite-type oxides [J]. Annals of the New York Academy of Sciences, 1976, 272 (1): 3-21.

[48] LU F, XIA T, LI Q, et al. Heterostructured simple perovskite nanorod-decorated double perovskite cathode for solid oxide fuel cells: Highly catalytic activity, stability and $CO_2$-durability for oxygen reduction reaction [J]. Applied Catalysis B: Environmental, 2019, 249: 19-31.

[49] LI M, ZHOU W, ZHU Z. Highly $CO_2$-tolerant cathode for intermediate-temperature solid oxide fuel cells: Samarium-doped ceria-protected $SrCo_{0.85}Ta_{0.15}O_{3-\delta}$ hybrid [J]. ACS Applied Materials & Interfaces, 2017, 9 (3): 2326-2333.

[50] LI M, ZHAO X, MIN H, et al. Synergistically enhancing $CO_2$-tolerance and oxygen reduction reaction activity of cobalt-free dual-phase cathode for solid oxide fuel cells [J]. International Journal of Hydrogen Energy, 2020, 45 (58): 34058-34068.

[51] GU H, SUNARSO J, YANG G, et al. Turning detrimental effect into benefits: Enhanced oxygen reduction reaction activity of cobalt-free perovskites at intermediate temperature via $CO_2$-

induced surface activation [J]. ACS Applied Materials & Interfaces, 2020, 12 (14): 16417-16425.

[52] XING L, XIA T, LI Q, et al. High-performance and $CO_2$-durable composite cathodes toward electrocatalytic oxygen reduction: $Ce_{0.8}Sm_{0.2}O_{1.9}$ nanoparticle-decorated double perovskite $EuBa_{0.5}Sr_{0.5}Co_2O_{5+\delta}$ [J]. ACS Sustainable Chemistry & Engineering, 2019, 7 (21): 17907-17918.

[53] ZHU Y, LIN Y, SHEN X, et al. Influence of crystal structure on the electrochemical performance of A-site-deficient $Sr_{1-s}Nb_{0.1}Co_{0.9}O_{3-\delta}$ perovskite cathodes [J]. RSC Advances, 2014, 4 (77): 40865-40872.

[54] ZHU Y, CHEN Z, ZHOU W, et al. An A-site-deficient perovskite offers high activity and stability for low-temperature solid-oxide fuel cells [J]. ChemSusChem, 2013, 6 (12): 2249-2254.

# 7 $PrBa_{1-x}Ca_xCoCuO_{5+\delta}$ ($x=0\sim0.2$) 阴极材料的制备与性能研究

## 7.1 引言

固体氧化物燃料电池（SOFC）在解决能源短缺问题方面颇有前途。其以高效率、低污染和燃料多样性为特征，能不经过燃烧将化学能直接转化为电能[1]。然而，由于SOFC相对较高的工作温度（约1000℃），使得其大规模应用受到限制。高工作温度通常会对多个方面产生不利影响，包括材料选择、电池密封以及SOFC系统的长期稳定性。因此，在大规模应用SOFC之前，其工作温度必须降低至中温（IT）甚至低温（LT）[2]。然而，降低工作温度所带来的主要问题是在SOFC的阴极一侧，极化电阻迅速增加。这种显著增加的极化电阻是由在低温下氧化还原过程的缓慢动力学引起的。综上，迫切需要开发在中温和低温范围内具有更好氧化还原反应（ORR）催化活性的阴极材料[3-4]。

双钙钛矿$LnBaCo_2O_{5+\delta}$（Ln为稀土金属）作为SOFC阴极已被广泛研究[5]。该系列双钙钛矿表现出优越的电化学性能，这要归功于其高氧表面交换系数和氧离子扩散系数[6-7]。在这些钙钛矿中，$PrBaCo_2O_{5+\delta}$具有最高的氧表面交换系数和氧离子扩散系数[8]，因此$PrBaCo_2O_{5+\delta}$具有更好的氧化还原反应的电化学催化活性，是一种有潜力的SOFC阴极材料[9]。然而，$PrBaCo_2O_{5+\delta}$具有较高的热膨胀系数（TEC），与其他含钴钙钛矿一样，其热膨胀系数与一些常见的SOFC电解质材料不匹配。这种高TEC主要归因于材料中Co离子的氧化态变化和自旋态转变[10]。

为了降低$LnBaCo_2O_{5+\delta}$的TEC，各研究者已进行了多种尝试，其中之一是用其他过渡金属（如Fe和Cu）替代Co。Kim等研究了Fe掺杂对$NdBaCo_{2-x}Fe_xO_{5+\delta}$性能的影响，发现当Fe掺杂量分别为$x=0.5$、$x=1$和$x=2$时，线膨胀系数分别降低了3.26%、6.98%和14.9%[11]。Jin等则报道了Fe掺杂的$PrBaCoFeO_{5+\delta}$作为SOFC阴极材料，通过Fe掺杂，线膨胀系数降至$21.0\times10^{-6}$ $K^{-1}$[12]。此外，对于Cu掺杂的$PrBaCuCoO_{5+\delta}$双钙钛矿，线膨胀系数降至$15.2\times10^{-6}$ $K^{-1}$[13]。然而，用过渡金属替代钴会导致富含钴的双钙钛矿失去部分高电导率和电化学催化活性[14-15]。有研究报道，在钙钛矿的A位进行Ca掺杂可以增强其相稳定性和耐久性，而不会牺牲其电学和电化学性能[16-22]。因此，在本书相关研究中，合成了

Ca 掺杂的 $PrBa_{1-x}Ca_xCoCuO_{5+\delta}$（PBCCCx, $x = 0 \sim 0.2$）双钙钛矿氧化物，并对其作为新型 SOFC 阴极材料的性能进行评估，对 $PrBa_{1-x}Ca_xCoCuO_{5+\delta}$ 的结构、热学、电学和电化学性能进行了深入研究。

## 7.2 PBCCCx 样品的制备

通过传统的溶胶-凝胶法成功制备了 $PrBa_{1-x}Ca_xCoCuO_{5+\delta}$（PBCCCx, $x = 0 \sim 0.2$）双钙钛矿。首先，按照化学计量比精确称量 $Pr(NO_3)_3$、$Ba(NO_3)_2$、$Ca(NO_3)_2$、$Co(NO_3)_2$ 和 $Cu(NO_3)_2$，加入适量的去离子水，形成硝酸盐溶液。待溶液澄清透明后，按照阳离子与柠檬酸 1∶1.5 的摩尔比加入柠檬酸，充分搅拌后，加入适量的聚乙二醇。随后，采用磁力搅拌器均匀搅拌 30 min，再将溶液于 80 ℃下水浴 24 h，以形成均匀的凝胶。接下来，在 600 ℃的条件下对凝胶进行灼烧，以除去其中的有机物和水，最终获得粉末样品。然后，对粉末样品进行压片，并在 1000 ℃的高温下烧结 10 h，获得具有纯相结构的样品。

## 7.3 X 射线衍射分析

如图 7-1 所示为 PBCCCx（$x = 0 \sim 0.2$）系列双钙钛矿材料的 X 射线衍射（XRD）图谱，从图中可以看出，随着 Ca 掺杂量的增加，衍射峰逐渐向高衍射角方向偏移，表明 Ca 掺杂导致晶格收缩。这归因于 $Ca^{2+}$ 的离子半径（0.134 nm）小于 $Ba^{2+}$ 的离子半径（0.161 nm）。另外，对该系列材料的 X 射线衍射数据进行 Rietveld 精修，以便获得精确的晶格常数等信息。图 7-2 为 PBCC、PBCCC0.1 和

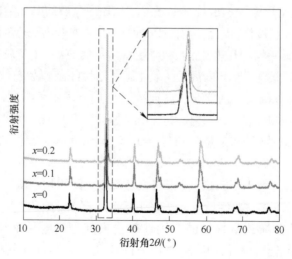

图 7-1 彩图

图 7-1 PBCCCx（$x = 0 \sim 0.2$）系列样品的 XRD 图谱

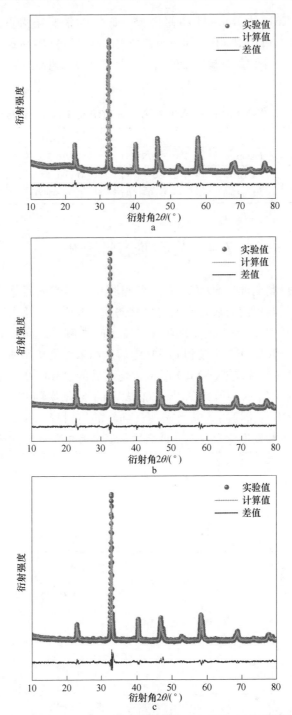

图 7-2 PBCCC$x$($x$=0~0.2)系列样品 XRD 的 Rietveld 精修图谱
a—PBCC；b—PBCCC0.1；c—PBCCC0.2

PBCCC0.2 样品 XRD 的 Rietveld 精修图谱，详细的精修结果见表 7-1，制备的 PBCC、PBCCC0.1 和 PBCCC0.2 均为四方结构，空间群为 $P4/mmm$。从表 7-1 中晶格常数的数据可见，随着 Ca 掺杂量的增加，晶格常数的值逐渐减小，与 XRD 衍射峰的偏移吻合。

表 7-1　PBCCC$x$($x$=0~0.2) 系列样品 XRD 的 Rietveld 精修结果

| 样　品 | 空间群 | $a$/nm | $b$/nm | $c$/nm |
|---|---|---|---|---|
| PBCC | $P4/mmm$ | 0.39175（5） | 0.39175（5） | 0.77060（9） |
| PBCCC0.1 | $P4/mmm$ | 0.39035（3） | 0.39035（3） | 0.76856（5） |
| PBCCC0.2 | $P4/mmm$ | 0.38997（0） | 0.38997（0） | 0.76965（2） |

## 7.4　化学兼容性分析

固体氧化物燃料电池（SOFC）在工作过程中，由于氧离子从阴极向电解质迁移，因此阴极层与电解质层之间的界面状态对 SOFC 的电化学性能具有显著影响，深入研究 PBCCC$x$($x$=0~0.2) 阴极与 LSGM 电解质之间可能发生的反应极为重要。本书将 PBCCC0.2 阴极和 LSGM 电解质粉末样品按照质量比 1∶1 混合，在 1000 ℃烧结 4 h，随后进行 XRD 测试。烧结后的 PBCCC0.2+LSGM 混合物的 XRD 图谱如图 7-3 所示，可以看出，烧结后的混合物的衍射峰分别对应于 PBCCC0.2 和 LSGM，在检测范围内未观察到新的衍射峰，这表明 PBCCC0.2 阴极与 LSGM 电解质未发生化学反应，两者之间具有良好的化学兼容性。

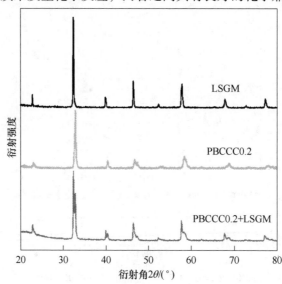

图 7-3　PBCCC0.2+LSGM 电解质的混合物烧结后的 XRD 图谱

## 7.5 X射线光电子能谱分析

采用 X 射线光电子能谱（XPS）技术对 PBCCC$x$($x$=0~0.2) 双钙钛矿中的元素价态进行检测。图 7-4 为 PBCCC$x$($x$=0~0.2) 系列样品中 Pr $3d_{5/2}$ 和 Co 2p/Ba 3d 的 XPS 图谱。Pr $3d_{5/2}$ 的 XPS 图谱中两个分别以 933.0 eV 和 928.7 eV 为中心的拟合分量与 $Pr^{4+}$ 和 $Pr^{3+}$ 相关。据报道，Co 2p 的峰位置与 Ba 3d 的峰位置有重叠[23]。$Ba^{2+}$ 的 $3d_{5/2}$ 和 $3d_{3/2}$ 的峰分别位于结合能 779.7 eV 和 795.0 eV 处[24]。PBCCC$x$($x$=0~0.2) 系列样品中的 Co 离子呈正三价和正四价双重氧化态。与 $Co^{4+}$ 的 $2p_{1/2}$ 和 $2p_{3/2}$ 相关联的峰分别位于结合能 796.0 eV 和 780.9 eV 处。对于 $Co^{3+}$，其峰位于结合能 793.1 eV($2p_{1/2}$) 和 778.0 eV($2p_{3/2}$) 处[9]。

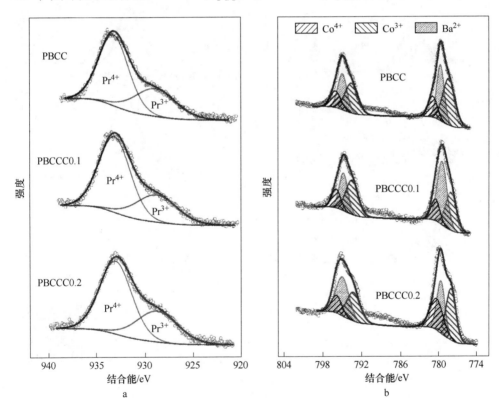

图 7-4　PBCCC$x$($x$=0~0.2)系列样品中 Pr $3d_{5/2}$ 和 Co 2p/Ba 3d 的 XPS 图谱

a—Pr $3d_{5/2}$；b—Co 2p/Ba 3d

图 7-5 为 PBCCC$x$($x$=0~0.2) 系列样品中 Cu 2p 和 O 1s 的 XPS 图谱。Cu 2p 的两部分分别对应于 $Cu^{2+}$ 和 $Cu^+$。与 $Cu^{2+}$ 的 $2p_{1/2}$

图 7-4 彩图

和 $2p_{3/2}$ 相关联的峰位于结合能 954.2 eV 和 933.4 eV 处[25-26]。$Cu^+$ 的峰位于结合能 952.2 eV($2p_{1/2}$) 和 931.5 eV($2p_{3/2}$) 处。O 1s 的 XPS 图谱由 $O_L$（晶格中的氧）、$O_A$（吸附氧）和 $O_M$（样品表面上的水分）三部分组成[27-29]。吸附氧（$O_A$）与氧空位有直接关系，因此通常通过比较不同样品中的 $O_A$ 与 $O_L$ 含量比值以确定材料中的氧空位的相对含量[30-33]。计算得到 PBCC、PBCCC0.1 和 PBCCC0.2 样品中的 $O_A$ 与 $O_L$ 含量比值分别为 3.52、4.13 和 5.93，表明随着 Ca 掺杂量的增加，氧空位浓度逐渐增大。氧空位在氧化还原反应（ORR）过程中对氧离子传输起着重要作用，氧空位含量高的材料通常具有更好的电化学性能[34]。从这个角度推测氧空位含量最高的 PBCCC0.2 在该系列材料中具有最佳的电化学活性，在后续的电化学阻抗谱（EIS）测试中验证了此推测。

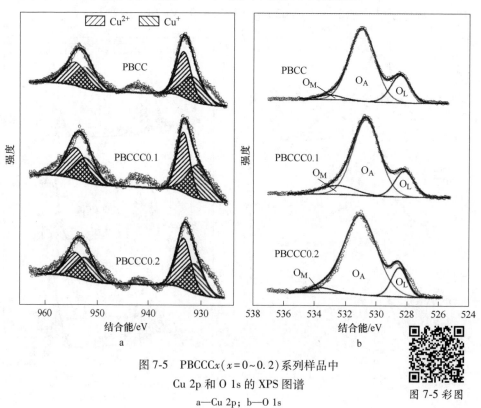

图 7-5 PBCCC$x$($x$=0~0.2) 系列样品中 Cu 2p 和 O 1s 的 XPS 图谱
a—Cu 2p；b—O 1s

## 7.6 热膨胀分析

阴极与电解质之间的热膨胀匹配是影响 SOFC 系统性能稳定性的重要因素之一。热膨胀不匹配会导致热循环过程中阴极层和电解质层的开裂，进而影响

SOFC 的输出性能。通常通过测试热膨胀系数（TEC）来评估两种材料的热膨胀匹配度。图 7-6 为 PBCCC$x$($x$=0~0.2) 系列样品随温度变化的热膨胀曲线。对于 PBCC、PBCCC0.1 和 PBCCC0.2 样品，其 $\Delta L/L_0$ 都随着温度的升高而近乎线性增加。在热膨胀曲线上可以观察到在约 350 ℃处斜率发生变化。斜率的变化归因于高温下样品中晶格氧的流失，同时伴随着氧空位的形成；高价 Co 离子将还原为低价状态，以保持电中性。这种变化可以描述为：

$$2\mathrm{Co}_{\mathrm{Co}}^{\cdot} + \mathrm{O}_{\mathrm{O}}^{\times} \rightleftharpoons 2\mathrm{Co}_{\mathrm{Co}}^{\times} + \mathrm{V}_{\mathrm{O}}^{\cdot\cdot} + \frac{1}{2}\mathrm{O}_2$$

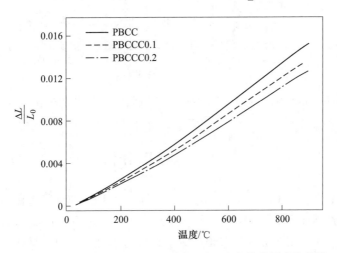

图 7-6　PBCCC$x$($x$=0~0.2)系列样品随温度变化的热膨胀曲线

图 7-7 展示了 PBCCC$x$($x$=0~0.2) 在不同温度范围内的平均线膨胀系数。Ca 取代部分 Ba 后对样品的线膨胀系数有显著影响。平均线膨胀系数随 Ca 掺杂量的增加而降低，线膨胀系数的这种变化与晶格的收缩有关，已由 XRD 精修结果证实。晶胞体积的收缩导致晶格中金属离子和氧离子之间的结合能增加，从而使得材料的热膨胀系数降低。从室温（RT）到 900 ℃，平均线膨胀系数从 17.4×$10^{-6}$ K$^{-1}$($x$=0) 降低到 16.7×$10^{-6}$ K$^{-1}$($x$=0.1) 和 16.1×$10^{-6}$ K$^{-1}$($x$=0.2)，表明 Ca 掺杂使得 PBCCC$x$($x$=0~0.2) 阴极材料与 LSGM(11.5×$10^{-6}$ K$^{-1}$) 等常用的电解质材料热匹配性更强。

Co 离子的还原和 Co 离子的自旋态转变是影响 Co 基钙钛矿氧化物热膨胀行为的主要因素[35-37]。据报道，将 Ca 掺杂到含 Co 的钙钛矿中可以抑制 Co 离子的自旋态转变[38]。与高 Co 含量的双钙钛矿（如 PrBaCo$_2$O$_{5+\delta}$）相比，PBCCC$x$($x$=0~0.2) 双钙钛矿的低热膨胀系数是由于 Co 含量的减少和 Co 离子自旋态转变被抑制。此外，由于 Ca$^{2+}$ 的取代，Co 离子自旋态的稳定可以增强 Co 离子和 O 离子之间共价键的强度[39]。这是 PBCCC$x$($x$=0~0.2) 双钙钛矿中热膨胀系数随着 Ca 掺杂量的增加而降低的另一个原因。

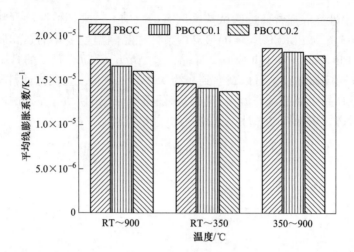

图 7-7 PBCCC$x$($x$=0~0.2)系列样品在不同温度范围内的平均线膨胀系数

## 7.7 电导率分析

图 7-8 展示了 PBCCC$x$($x$=0~0.2)系列样品在 100~800 ℃ 范围内电导率的变化,可以观察到在 100~400 ℃,PBCCC$x$($x$=0~0.2) 系列样品的电导率随温度升高而增加,表现出半导体的导电行为。这种行为可以归因于材料中热激活的小极化子跳跃过程。当温度升至 400 ℃ 后,电导率随着温度的继续升高逐渐降低,表明 PBCCC$x$($x$=0~0.2) 系列样品在该温度范围内具有类似金属的导电行为。

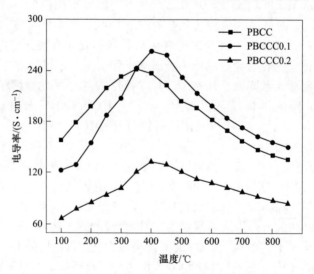

图 7-8 PBCCC$x$($x$=0~0.2)系列样品电导率随温度变化曲线

其可能是由于氧空位的形成以及 Co 离子和 Cu 离子从高氧化态还原为低氧化态以保持材料的电中性。这种导电行为的变化类似于报道中 $LnBaCoFeO_{5+\delta}$( Ln = Pr 和 Nd)[12,40]的电导率变化行为。PBCC、PBCCC0.1 和 PBCCC0.2 样品的最大电导率分别为 242.7 S/cm、263.5 S/cm 和 133.7 S/cm。PBCCC$x$($x$ = 0~0.2) 系列样品电导率的变化与其他金属元素掺杂的双钙钛矿阴极材料一致，例如 Ca 掺杂的 $GdBa_{1-x}Ca_xFe_2O_{5+\delta}$[22] 和 Sr 掺杂的 $YBa_{1-x}Sr_xCo_2O_{5+\delta}$[41]。

## 7.8 电化学阻抗分析

SOFC 阴极材料的 ORR 催化活性可通过电化学阻抗谱（EIS）进行评估。本书对 PBCCC$x$|LSGM|PBCCC$x$ 对称电池在 650~800 ℃范围内进行了 EIS 测试，结果如图 7-9 所示。EIS 曲线实轴上高频截距和低频截距之间的差值被视为阴极的极化电阻（$R_p$）。方便起见，将高频区的欧姆电阻归一化至坐标轴的零点。

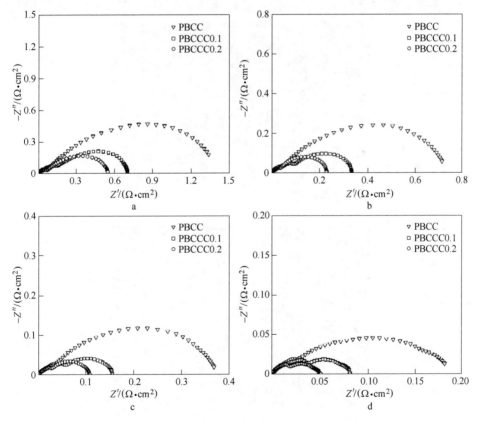

图 7-9　PBCCC$x$($x$ = 0~0.2)系列样品的 EIS 曲线
a—650 ℃；b—700 ℃；c—750 ℃；d—800 ℃

Ca 掺杂对 PBCCC$x$($x=0\sim0.2$) 的极化电阻有显著影响。当 Ca 掺杂量从 $x=0$ 增加到 $x=0.2$ 时，极化电阻值在 650 ℃、700 ℃、750 ℃ 和 800 ℃ 分别下降了 60.1%、68.9%、71.0% 及 72.8%，表明 Ca 掺杂增强了 ORR 的电化学催化活性。800 ℃ 时，PBCC、PBCCC0.1 和 PBCCC0.2 样品的极化电阻分别为 0.184 Ω·cm$^2$、0.082 Ω·cm$^2$ 和 0.051 Ω·cm$^2$。Ca 掺杂的样品中电化学性能的提高与材料相对较高的氧空位浓度有关。氧空位在氧化还原过程中对氧离子的传递起着至关重要的作用。此外，Ca 掺杂导致晶格收缩，缩短了氧离子传输路径，从而使极化电阻减小。由于 Ba—O 键的破坏，Ca 掺杂在一定程度上破坏了层状结构，导致氧离子沿 $c$ 轴传输[42-43]。因此，Ca 掺杂打破了 PBCC 中氧离子传输各向异性的特点，形成氧离子的三维传输路径。这是 Ca 掺杂使极化电阻降低的另一个原因。

## 7.9 微观结构分析

在扫描电子显微镜下对 EIS 测试后的对称电池进行观察。图 7-10 展示了

图 7-10　EIS 测试后的对称电池 SEM 图像
a—PBCCC0.2 阴极；b—电池横截面

PBCCC0.2 阴极的微观结构和 PBCCC0.2/LSGM 双层的横截面。与致密的 LSGM 电解质相比，PBCCC 阴极为孔隙均匀的多孔结构，这种结构有利于氧在阴极内部的扩散。在阴极层和电解质层之间的界面上没有观察到明显的开裂，表明阴极/电解质双层具有良好的黏附性，有利于电池的稳定性。

## 7.10 本章小结

本章制备了 $PrBa_{1-x}Ca_xCoCuO_{5+\delta}$（PBCCC$x$，$x=0\sim0.2$）系列双钙钛矿氧化物，探究了 Ca 掺杂对材料的晶体结构、电学和电化学等性能的影响。XRD 及精修结果表明 PBCCC$x$（$x=0\sim0.2$）系列样品为四方双钙钛矿结构，属于 $P4/mmm$ 空间群。XPS 结果表明 PBCCC$x$（$x=0\sim0.2$）系列样品中的 Pr 离子、Cu 离子和 Co 离子以 $Pr^{3+}/Pr^{4+}$、$Cu^{2+}/Cu^+$ 和 $Co^{3+}/Co^{4+}$ 混合价态存在。热膨胀测试表明，Ca 掺杂有效降低了材料的热膨胀系数。从室温到 900 ℃，平均线膨胀系数从 $17.4\times10^{-6}\ K^{-1}$（$x=0$）降低到 $16.7\times10^{-6}\ K^{-1}$（$x=0.1$）和 $16.1\times10^{-6}\ K^{-1}$（$x=0.2$）。电化学性能测试表明，Ca 掺杂有效提升了双钙钛矿材料的电化学催化活性。Ca 掺杂打破了 PBCC 中氧离子传输各向异性的特点，形成氧离子的三维传输路径。800 ℃时，PBCC、PBCCC0.1 和 PBCCC0.2 样品的极化电阻分别为 $0.184\ \Omega\cdot cm^2$、$0.082\ \Omega\cdot cm^2$ 和 $0.051\ \Omega\cdot cm^2$。这些结果表明，Ca 掺杂的 PBCCC0.2 是一种性能优良的 SOFC 阴极材料，具有潜在的应用价值。

### 参 考 文 献

[1] STEELE B C H, HEINZEL A. Materials for fuel-cell technologies [J]. Nature, 2001, 414: 345-352.

[2] YANG G M, SU C, SHI H G, et al. Toward reducing the operation temperature of solid oxide fuel cells: Our past 15 years of efforts in cathode development [J]. Energy & Fuels, 2020, 34 (12): 15169-15194.

[3] WANG H C, ZHANG W W, GUAN K, et al. Enhancing activity and durability of A-site-deficient $(La_{0.6}Sr_{0.4})_{0.95}Co_{0.2}Fe_{0.8}O_{3-\delta}$ cathode by surface modification with $PrO_{2-\delta}$ nanoparticles [J]. ACS Sustainable Chemistry & Engineering, 2020, 8 (8): 3367-3380.

[4] WANG H C, ZHANG W W, MENG J L, et al. Effectively promoting activity and stability of a $MnCo_2O_4$-based cathode by in situ constructed heterointerfaces for solid oxide fuel cells [J]. ACS Applied Materials & Interfaces, 2021, 13 (20): 24329-24340.

[5] WANG W, PEH T S, CHAN S H, et al. Synthesis and characterization of $LnBaCo_2O_{5+\delta}$ layered perovskites as cathodes for intermediate-temperature solid oxide fuel cells [J]. ECS Transactions, 2019, 25: 2277-2281.

[6] ENRIQUEZ E, XU X, BAO S, et al. Catalytic dynamics and oxygen diffusion in doped $PrBaCo_2O_{5.5+\delta}$ thin films [J]. ACS Applied Materials & Interfaces, 2015, 7 (43):

24353-24359.

[7] KIM G, WANG S, JACOBSON A J, et al. Rapid oxygen ion diffusion and surface exchange kinetics in PrBaCo$_2$O$_{5+x}$ with a perovskite related structure and ordered A cations [J]. Journal of Materials Chemistry, 2007, 17 (23): 2500-2505.

[8] BURRIEL M, PEÑA-MARTÍNEZ J, CHATER R J, et al. Anisotropic oxygen ion diffusion in layered PrBaCo$_2$O$_{5+\delta}$ [J]. Chemistry of Materials, 2012, 24 (3): 613-621.

[9] YAO C G, YANG J X, ZHANG H X, et al. Evaluation of A-site Ba-deficient PrBa$_{0.5-x}$Sr$_{0.5}$Co$_2$O$_{5+\delta}$ ($x=0$, 0.04 and 0.08) as cathode materials for solid oxide fuel cells [J]. Journal of Alloys and Compounds, 2021, 883: 160759.

[10] YAO C G, ZHANG H X, LIU X J, et al. Investigation of layered perovskite NdBa$_{0.5}$Sr$_{0.25}$Ca$_{0.25}$Co$_2$O$_{5+\delta}$ as cathode for solid oxide fuel cells [J]. Ceramics International, 2018, 44 (11): 12048-12054.

[11] KIM Y N, KIM J H, MANTHIRAM A. Effect of Fe substitution on the structure and properties of LnBaCo$_{2-x}$Fe$_x$O$_{5+\delta}$ (Ln = Nd and Gd) cathodes [J]. Journal of Power Sources, 2010, 195: 6411-6419.

[12] JIN F J, XU H W, LONG W, et al. Characterization and evaluation of double perovskites LnBaCoFeO$_{5+\delta}$ (Ln=Pr and Nd) as intermediate-temperature solid oxide fuel cell cathodes [J]. Journal of Power Sources, 2013, 243: 10-18.

[13] ZHAO L, NIAN Q, HE B B, et al. Novel layered perovskite oxide PrBaCuCoO$_{5+\delta}$ as a potential cathode for intermediate-temperature solid oxide fuel cells [J]. Journal of Power Sources, 2010, 195 (2): 453-456.

[14] YOO S, SHIN J Y, KIM G, Thermodynamic and electrical properties of layered perovskite NdBaCo$_{2-x}$Fe$_x$O$_{5+\delta}$-YSZ ($x=0$, 1) composites for intermediate temperature SOFC cathodes [J]. Journal of the Electrochemical Society, 2011, 158 (6): B632.

[15] KIM J, CHOI S, PARK S, et al. Effect of Mn on the electrochemical properties of a layered perovskite NdBa$_{0.5}$Sr$_{0.5}$Co$_{2-x}$Mn$_x$O$_{5+\delta}$ ($x=0$, 0.25, and 0.5) for intermediate-temperature solid oxide fuel cells [J]. Electrochimica Acta, 2013, 112: 712-718.

[16] CHOI S, PARK S, SHIN J, et al. The effect of calcium doping on the improvement of performance and durability in a layered perovskite cathode for intermediate-temperature solid oxide fuel cells [J]. Journal of Materials Chemistry A, 2015, 3 (11): 6088-6095.

[17] SHEN Y N, ZHAO H L, LIU X T, et al. Preparation and electrical properties of Ca-doped La$_2$NiO$_{4+\delta}$ cathode materials for IT-SOFC [J]. Physical Chemistry Chemical Physics, 2010, 12 (45): 15124-15131.

[18] CHOI S, SENGODAN S, PARK S, et al. A robust symmetrical electrode with layered perovskite structure for direct hydrocarbon solid oxide fuel cells: PrBa$_{0.8}$Ca$_{0.2}$Mn$_2$O$_{5+\delta}$ [J]. Journal of Materials Chemistry A, 2016, 4 (5): 1747-1753.

[19] XIAO J, XU Q, CHEN M, et al. Improved overall properties in La$_{1-x}$Ca$_x$Fe$_{0.8}$Cr$_{0.2}$O$_{3-\delta}$ as cathode for intermediate temperature solid oxide fuel cells [J]. Ionics, 2015, 21: 2805-2814.

[20] FU D W, JIN F J, HE T M. A-site calcium-doped Pr$_{1-x}$Ca$_x$BaCo$_2$O$_{5+\delta}$ double perovskites as

cathodes for intermediate-temperature solid oxide fuel cells [J]. Journal of Power Sources, 2016, 313: 134-141.

[21] YOO S, JUN A, JU Y W, et al. Development of double-perovskite compounds as cathode materials for low-temperature solid oxide fuel cells [J]. Angewandte Chemie, 2014, 126 (48): 13280-13283.

[22] WANG L Y, XIE P C, BIAN L Z, et al. Performance of Ca-doped GdBa$_{1-x}$Ca$_x$Fe$_2$O$_{5+\delta}$ ($x=0$, 0.1) as cathode materials for IT-SOFC application [J]. Catalysis Today, 2018, 318: 132-136.

[23] GAO D S, GAO X D, WU Y Q, et al. Epitaxial Co doped BaSnO$_3$ thin films with tunable optical bandgap on MgO substrate [J]. Applied Physics A, 2019, 125: 158.

[24] JIANG L, LI F S, WEI T, et al. Evaluation of Pr$_{1+x}$Ba$_{1-x}$Co$_2$O$_{5+\delta}$ ($x=0-0.30$) as cathode materials for solid-oxide fuel cells [J]. Electrochimica Acta, 2014, 133: 364-372.

[25] MATHEW T, SHIJU N R, SREEKUMAR K, et al. Cu-Co synergism in Cu$_{1-x}$Co$_x$Fe$_2$O$_4$-catalysis and XPS aspects [J]. Journal of Catalysis, 2002, 210 (2): 405-417.

[26] YAO C G, YANG J X, CHEN S G, et al. Copper doped SrFe$_{0.9-x}$Cu$_x$W$_{0.1}$O$_{3-\delta}$ ($x=0-0.3$) perovskites as cathode materials for IT-SOFCs [J]. Journal of Alloys and Compounds, 2021, 868: 159127.

[27] ZOU J, PARK J, YOON H, et al. Preparation and evaluation of Ca$_{3-x}$Bi$_x$Co$_4$O$_{9-\delta}$ ($0<x\leq0.5$) as novel cathodes for intermediate temperature-solid oxide fuel cells [J]. International Journal of Hydrogen Energy, 2012, 37 (10): 8592-8602.

[28] YAO C G, ZHANG X H, LIU X J, et al. A niobium and tungsten co-doped SrFeO$_{3-\delta}$ perovskite as cathode for intermediate temperature solid oxide fuel cells [J]. Ceramics International, 2019, 45 (6): 7351-7358.

[29] YAO C G, ZHANG X H, DONG Y J, et al. Characterization of Ta/W co-doped SrFeO$_{3-\delta}$ perovskite as cathode for solid oxide fuel cells [J]. Journal of Alloys and Compounds, 2019, 797: 205-212.

[30] GERISCHER H, HELLER A. The role of oxygen in photooxidation of organic molecules on semiconductor particles [J]. The Journal of Physical Chemistry, 1991, 95 (13): 5261-5267.

[31] WANG D, XIA Y P, LV H L, et al. PrBaCo$_{2-x}$Ta$_x$O$_{5+\delta}$ based composite materials as cathodes for proton-conducting solid oxide fuel cells with high CO$_2$ resistance [J]. International Journal of Hydrogen Energy, 2020, 45 (55): 31017-31026.

[32] YAO C G, YANG J X, ZHANG H X, et al. Cobalt-free perovskite SrTa$_{0.1}$Mo$_{0.1}$Fe$_{0.8}$O$_{3-\delta}$ as cathode for intermediate-temperature solid oxide fuel cells [J]. International Journal of Energy Research, 2020, 44 (2): 925-933.

[33] YAO C G, MENG J L, LIU X J, et al. Effects of Bi doping on the microstructure, electrical and electrochemical properties of La$_{2-x}$Bi$_x$Cu$_{0.5}$Mn$_{1.5}$O$_6$ ($x=0$, 0.1 and 0.2) perovskites as novel cathodes for solid oxide fuel cells [J]. Electrochimica Acta, 2017, 229: 429-437.

[34] WU Z L, SUN L P, XIA T, et al. Effect of Sr doping on the electrochemical properties of bi-functional oxygen electrode PrBa$_{1-x}$Sr$_x$Co$_2$O$_{5+\delta}$ [J]. Journal of Power Sources, 2016, 334:

86-93.

[35] HUANG K, LEE H Y, GOODENOUGH J B. Sr- and Ni-doped LaCoO$_3$ and LaFeO$_3$ perovskites: New cathode materials for solid-oxide fuel cells [J]. Journal of the Electrochemical Society, 1998, 145 (9): 3220-3227.

[36] WANG B, LONG G H, JI Y, et al. Layered perovskite PrBa$_{0.5}$Sr$_{0.5}$CoCuO$_{5+\delta}$ as a cathode for intermediate-temperature solid oxide fuel cells [J]. Journal of Alloys and Compounds, 2014, 606: 92-96.

[37] ZHOU W, RAN R, SHAO Z P, et al. Evaluation of A-site cation-deficient (Ba$_{0.5}$Sr$_{0.5}$)$_{1-x}$Co$_{0.8}$Fe$_{0.2}$O$_{3-\delta}$ ($x>0$) perovskite as a solid-oxide fuel cell cathode [J]. Journal of Power Sources, 2008, 182 (1): 24-31.

[38] WANG H, LI G S, GUAN X F, et al. Lightly doping Ca$^{2+}$ in perovskite PrCoO$_3$ for tailored spin states and electrical properties [J]. Physical Chemistry Chemical Physics, 2011, 13 (39): 17775-17784.

[39] RAVINDRAN P, FJELLVAG H, KJEKSHUS A, et al. Itinerant metamagnetism and possible spin transition in LaCoO$_3$ by temperature/hole doping [J]. Journal of Applied Physics, 2002, 91: 291-303.

[40] JIN F J, LIU X L, CHU X Y, et al. Effect of nonequivalent substitution of Pr$^{3+/4+}$ with Ca$^{2+}$ in PrBaCoFeO$_{5+\delta}$ as cathodes for IT-SOFC [J]. Journal of Materials Science, 2021, 56: 1147-1161.

[41] MENG F C, XIA T, WANG J P, et al. Evaluation of layered perovskites YBa$_{1-x}$Sr$_x$Co$_2$O$_{5+\delta}$ as cathodes for intermediate-temperature solid oxide fuel cells [J]. International Journal of Hydrogen Energy, 2014, 39 (9): 4531-4543.

[42] KIM J H, MOGNI L, PRADO F, et al. High temperature crystal chemistry and oxygen permeation properties of the mixed ionic-electronic conductors LnBaCo$_2$O$_{5+\delta}$ (Ln = Lanthanide) [J]. Journal of the Electrochemical Society, 2009, 156 (12): B1376-B1382.

[43] ZHANG K, GE L, RAN R, et al. Synthesis, characterization and evaluation of cation-ordered LnBaCo$_2$O$_{5+\delta}$ as materials of oxygen permeation membranes and cathodes of SOFCs [J]. Acta Materialia, 2008, 56 (17): 4876-4889.

# 8 $NdBa_{0.5}Sr_{0.5}Co_2O_{5+\delta}$-$xGd_{0.1}Ce_{0.9}O_{2-\delta}$ ($x=0\sim30\%$) 复合阴极材料的制备与性能研究

## 8.1 引　言

现如今，人们正面临严峻的能源和环境挑战，新型的能源技术已经成为全球研究的焦点[1-2]。这些创新性的能源解决方案为电力的产生和消耗带来了巨大变革，为实现更可持续、环保的未来铺平了一条充满希望的道路。在众多新型的能源技术中，固体氧化物燃料电池（SOFC）因可以高效地将化学能直接转化为电能而备受关注。SOFC 卓越的能量转换效率和零污染物排放的特性使其成为研究的热点[3-4]。然而，目前的 SOFC 必须在高温（约 1000 ℃）下运行。高温操作给 SOFC 的寿命、成本和密封性等带来了不利影响，严重制约了其商业化应用[5]。

当前研究的重心在于降低 SOFC 的工作温度。通过降低工作温度，可以拓展材料选择范围、延长工作寿命，并降低总体运行成本。然而，降低工作温度所带来的一个重大挑战是阴极的极化电阻迅速增加，导致 SOFC 的输出性能下降[6]。因此，研发出在中低温环境下具有优异电化学催化性能的阴极材料对于实现 SOFC 的大规模商业化应用至关重要。SOFC 阴极作为氧化还原反应（ORR）的场所，必须具有高电化学活性[7]。目前，提高阴极性能的方法包括形貌控制[8-10]、采用新型催化剂[11]以及掺杂[12-14]。

目前，钴基混合离子电子导体（MIEC）材料，如 $SrCoO_3$、$BaCoO_3$ 和 $LnBaCo_2O_{5+\delta}$，因卓越的混合导电性和在氧化还原反应中的显著活性而备受关注[15-17]。然而，钴基 MIEC 在 SOFC 阴极中的一个重大限制在于其较高的热膨胀系数（TEC）。这是由高温下钴离子氧化态和自旋态的变化引起的[18]。阴极材料和电解质材料之间的热膨胀匹配性也是影响 SOFC 性能的重要因素[19]。目前，已有许多报道通过用过渡金属替代钴来减小 $LnBaCo_2O_{5+\delta}$（LnBCO）阴极的热膨胀系数。例如，Huang 等[20]在 $PrBaCo_2O_{5+\delta}$ 的 B 位用 Mn 进行替代，导致线膨胀系数从 $26.6\times10^{-6}$ $K^{-1}$ 降低到 $11.8\times10^{-6}$ $K^{-1}$。Wei 等[21]合成了 $GdBaCo_{2-x}Ni_xO_{5+\delta}$，其中用 Ni 替代 Co 有效降低了热膨胀系数。值得注意的是，$x=0.3$ 的样品表现出明显较低的线膨胀系数，为 $15.5\times10^{-6}$ $K^{-1}$。

降低 LnBCO 的热膨胀系数的另一种策略是将 $LnBaCo_2O_{5+\delta}$ 与电解质材料组合

成复合阴极。这些复合阴极的形成不仅降低了 LnBCO 的热膨胀系数，还减少了欧姆损失、减小了极化电阻。直接机械混合和浸渍是两种广泛采用的制备复合阴极的方法[22]。例如，Zhu 等[23]采用机械混合法制备了 $PrBCO-Ce_{0.8}Sm_{0.2}O_{1.9}$（SDC）复合阴极。在 750 ℃下，PrBCO-30% SDC（30%为复合阴极中 SDC 的质量分数）的极化电阻为 0.035 $\Omega \cdot cm^2$，显著低于纯 PrBCO 的极化电阻。Zhou 等[24]制备了 $LnBaCo_2O_5$（LnBCO）材料，并将其与 SDC 机械混合。随着 Ln 离子半径的减小，材料的电化学性能逐渐下降。GdBCO-SDC 复合材料表现出最低的线膨胀系数，为 $16.7 \times 10^{-6} K^{-1}$。Tan 等[25]报道了关于 $GdBaCo_2O_{5+\delta}-Ce_{0.8}Sm_{0.2}O_{1.9}$（GBCO-SDC）阴极的浸渍研究。GBCO 被浸渍到 SDC 骨架的外部结构中。在 600 ℃时，GBCO-SDC 的极化电阻仅有 0.50 $\Omega \cdot cm^2$，仅为 GBCO 阴极的 28.6%。Xi 等[26]采用浸渍技术将 $Sm_{0.5}Sr_{0.5}CoO_{3-\delta}$ 引入 $PrBaCo_2O_{5-\delta}$ 阴极，然后将其用于质子型 SOFC。由于浸渍后比表面积增加、极化电阻减小，浸渍阴极表现出了 385 $mW/cm^2$ 的输出性能。

然而，传统的机械混合和浸渍技术在确保组分均匀性方面存在不足，未能在两种材料之间建立足够有效的界面。此外，在采用机械混合和浸渍方法时，特别是在高温环境下，还需要考虑两种材料之间的潜在化学不兼容性。据报道，异质界面的存在可以显著提高阴极材料的催化活性，因为在这些界面上存在空间电荷区和大量缺陷[27]。因此，异质界面的均匀性在塑造复合材料性能方面发挥着至关重要的作用[28]。

本书相关研究采用一步原位自组装方法，制备了 $NdBa_{0.5}Sr_{0.5}Co_2O_{5+\delta}$（NBSC）-$xGd_{0.1}Ce_{0.9}O_{2-\delta}$（GDC）（$x = 0 \sim 30\%$）❶复合阴极。将立方结构的 GDC 引入 NBSC 中，不仅提高了阴极的电化学性能，而且解决了阴极材料与电解质材料热膨胀系数不匹配的问题。与使用传统机械混合方法制备的复合材料相比，NBSC-GDC 复合阴极具有改善界面接触和分散更均匀等优势。本书的研究结果表明，引入立方结构的 GDC 有助于在不同方向上优化 NBSC 颗粒之间的氧离子传输，有效改善了通常在层状双钙钛矿材料中观察到的氧离子传输的各向异性的结构限制。同时，NBSC 和 GDC 颗粒之间原位形成紧密相连的异质界面增强了电荷转移过程和氧离子传输，最终提高了 ORR 动力学。

## 8.2　NBSC-$x$GDC 复合阴极材料的合成

在本章中，采用柠檬酸-硝酸盐一锅法制备 NBSC-$x$GDC（$x = 0 \sim 30\%$）阴极粉

---

❶ 本章中出现的 $NdBa_{0.5}Sr_{0.5}Co_2O_{5+\delta}$（NBSC）-$xGd_{0.1}Ce_{0.9}O_{2-\delta}$（GDC）（$x = 0 \sim 30\%$），即 NBSC-$x$GDC（$x = 0 \sim 30\%$）的 $x$ 皆为质量分数。

末样品。首先，按照化学计量比精确称量 $Nd(NO_3)_3$、$Ba(NO_3)_2$、$Sr(NO_3)_2$、$Co(NO_3)_2$、$Gd(NO_3)_3$ 和 $Ce(NO_3)_3$，并将它们加入装有去离子水的烧杯中，持续搅拌确保金属阳离子充分溶解。随后，按照乙二胺四乙酸与柠檬酸与金属阳离子 2∶1∶1 的摩尔比，依次添加乙二胺四乙酸和柠檬酸，使用氨水调节溶液的 pH 值至中性。然后，加入适量聚乙二醇，持续搅拌直至溶液澄清透明。将得到的溶胶在 80 ℃ 的水浴锅上加热 12 h，形成凝胶。随后，将凝胶在 600 ℃ 的条件下煅烧，以去除有机物和水分。接着，在 800 ℃ 的条件下对烧结后的粉末进行 2 h 的预烧。最终，通过在 1050 ℃ 条件下进行 10 h 的烧结，得到 NBSC-$x$GDC($x=0\sim30\%$) 阴极粉末样品。

## 8.3 X 射线衍射分析

如图 8-1 所示为在 1050 ℃ 烧结 10 h 后 NBSC-$x$GDC($x=0\sim30\%$) 系列样品的 XRD 图谱，可以观察到所制备的复合阴极的衍射峰与 NBSC 和 GDC 的衍射峰一一对应，没有出现任何杂相峰，证明 NBSC 与 GDC 具有良好的化学兼容性。随着 GDC 含量的增加，NBSC-$x$GDC($x=0\sim30\%$) 样品中属于 GDC 的特征峰逐渐变强。为了进一步了解 NBSC-$x$GDC($x=0\sim30\%$) 复合阴极材料的详细晶体结构，对所有样品的 XRD 数据进行 Rietveld 精修，如图 8-2 所示。NBSC 和 GDC 分别为四方结构的 $P4/mmm$ 和立方结构的 $Fm\bar{3}m$ 空间群。Rietveld 精修后的详细结果列于表 8-1 中。

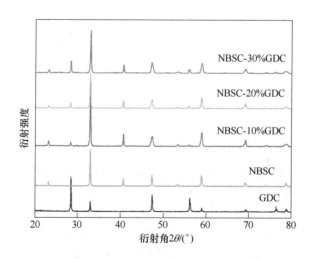

图 8-1　NBSC-$x$GDC($x=0\sim30\%$) 系列样品的 XRD 图谱

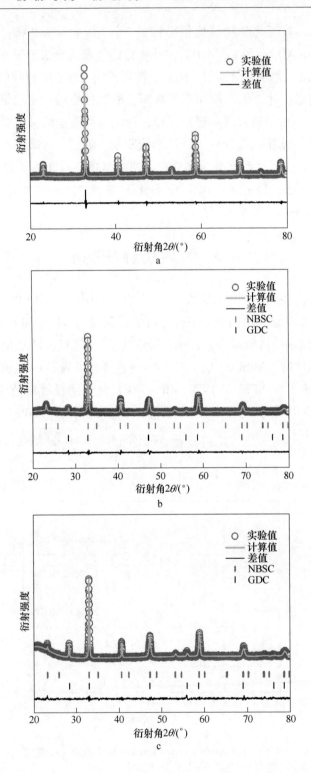

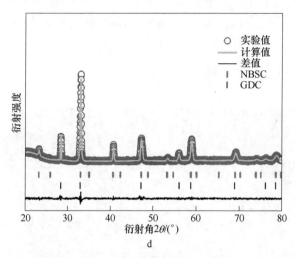

图 8-2 NBSC-xGDC(x=0~30%)系列样品 XRD 的 Rietveld 精修图谱
a—NBSC；b—NBSC-10%GDC；c—NBSC-20%GDC；d—NBSC-30%GDC

表 8-1 NBSC-xGDC(x=0~30%)系列样品的 Rietveld 精修结果

| 样 品 | NBSC | NBSC-10%GDC | NBSC-20%GDC | NBSC-30%GDC |
|---|---|---|---|---|
| NBSC($P4/mmm$) | | | | |
| $a=b$(nm) | 0.384106 | 0.384724 | 0.384568 | 0.384400 |
| $c$/nm | 0.768454 | 0.770161 | 0.769885 | 0.767144 |
| 晶胞体积/nm³ | 0.113376 | 0.113994 | 0.113860 | 0.113356 |
| GDC($Fm\bar{3}m$) | | | | |
| $a=b=c$ (nm) | | 0.544786 | 0.541586 | 0.545046 |
| 晶胞体积/nm³ | | 0.161688 | 0.158855 | 0.161919 |
| $\chi^2/R_{wp}$ | 1.24/3.23 | 1.31/3.401 | 1.20/3.484 | 1.27/3.470 |
| $w$(NBSC)/% | 100 | 90.2 | 79.7 | 69.1 |
| $w$(GDC)/% | | 9.8 | 20.3 | 30.9 |

## 8.4 透射电子显微镜分析

如图 8-3 所示为 NBSC-10%GDC 样品的高分辨率透射电子显微镜（TEM）图像，可以清楚看到晶格间距不同的两相，其中，晶格间距 0.272 nm 对应于 P4/

$mmm$ 相 NBSC 的（110）晶面，而晶格间距 0.312 nm 对应于 $Fm\bar{3}m$ 相 GDC 的（110）晶面；同时，可以清晰地观察到 NBSC 和 GDC 之间存在结合紧密的异质界面。这将有效增加三相界面（TPB）的长度，为氧化还原反应提供更多的活性位点并加速 ORR 动力学过程。

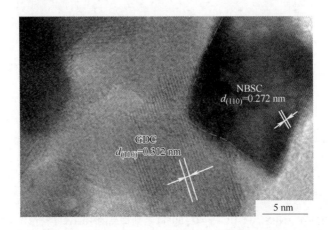

图 8-3　NBSC-10%GDC 样品的高分辨率 TEM 图像

图 8-4 展示了扫描电子显微镜下 NBSC-10%GDC 样品的微观结构（图 8-4a）及其组成元素分布（图 8-4b），可以看出，NBSC-10%GDC 复合阴极呈现多孔且松散的结构，有助于氧气的传输，并且 NBSC-10%GDC 复合阴极的组成元素 Nd、Ba、Sr、Co、Gd、Ce 和 O 分布均匀；同时，形成了结合紧密的异质界面，促进了离子的快速迁移[29-30]。

a

## 8.5 比表面积分析

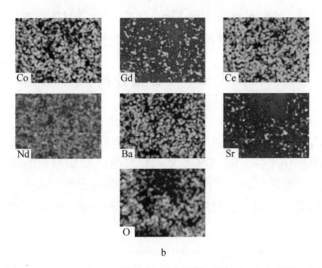

图 8-4　NBSC-10%GDC 样品的 SEM 图像（a）和 EDS 结果（b）

## 8.5　比表面积分析

如图 8-5 所示为 NBSC-$x$GDC（$x=0$~30%）系列样品的 $N_2$ 吸附/脱附曲线。通过测试得到 NBSC-10%GDC、NBSC-20%GDC 和 NBSC-30%GDC 样品的比表面积分别为 1.31 $m^2/g$、1.46 $m^2/g$ 和 2.42 $m^2/g$，相较于初始 NBSC 样品的 0.49 $m^2/g$，分别增加了 62.3%、66.4% 和 79.8%。这表明通过原位自组装过程引入 GDC 相有效地提高了材料的比表面积，在阴极上提供了更多的氧化还原反应

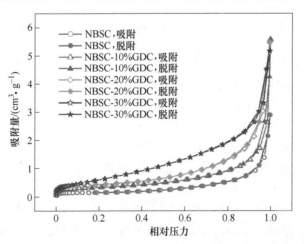

图 8-5 彩图

图 8-5　NBSC-$x$GDC（$x=0$~30%）系列样品的 $N_2$ 吸附/脱附曲线

(ORR)活性位点,同时导致更多的 NBSC 与 GDC 异质界面形成。原位形成的大量异质界面增加了三相界面的长度,从而有助于 ORR 动力学过程[31]。

## 8.6 热膨胀分析

经 XRD 验证,NBSC 与 GDC 之间呈现出良好的化学兼容性。然而,除了关注化学兼容性外,同样需要重视阴极材料与电解质材料之间的热膨胀匹配性。图 8-6 展示了 NBSC-$x$GDC($x=0\sim30\%$)系列样品的热膨胀系数测试结果,结果显示,在 35~900 ℃范围内,所有样品的 $\Delta L/L_0$ 随温度升高而增大;在约 300 ℃处曲线斜率发生变化,这是由于温度升高导致 $Co^{4+}$ 还原成 $Co^{3+}$,同时伴随着材料内晶格氧的流失。

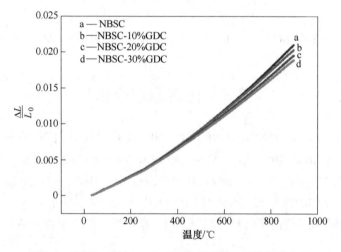

图 8-6 NBSC-$x$GDC($x=0\sim30\%$)系列样品的热膨胀曲线

众所周知,Co 基双钙钛矿氧化物材料的热膨胀系数普遍偏大。这一方面是由于原子振动引起的晶格膨胀;另一方面是由于 Co 离子由高价态还原成低价态,尤其在高温下低价态的 Co 离子易发生自旋状态的改变[32-34]。根据线膨胀系数测试结果发现随着 GDC 含量的增加,NBSC-$x$GDC($x=0\sim30\%$)系列样品的平均线膨胀系数逐渐下降,见表 8-2,NBSC、NBSC-10%GDC、NBSC-20%GDC 和 NBSC-30%GDC 在 35~900 ℃范围内的平均线膨胀系数分别为 $24.28\times10^{-6}$ $K^{-1}$、$23.38\times10^{-6}$ $K^{-1}$、$22.54\times10^{-6}$ $K^{-1}$ 和 $21.85\times10^{-6}$ $K^{-1}$。

随 GDC 含量增加线膨胀系数下降主要是由于 GDC 的线膨胀系数较低,为 $15.6\times10^{-6}$ $K^{-1}$。但是,NBSC-$x$GDC($x=0\sim30\%$)系列样品的平均线膨胀系数值仍然略高。因此,笔者在未来的研究中将侧重于在 B 位替代 Co 的基础上,进一步降低 Co 基钙钛矿材料的热膨胀系数。

表 8-2  NBSC-$x$GDC($x=0\sim30\%$)系列样品在不同温度区间的平均线膨胀系数

| 样 品 | 平均线膨胀系数/K$^{-1}$ | | | | |
|---|---|---|---|---|---|
| | 35～900 ℃ | 35～200 ℃ | 200～400 ℃ | 400～600 ℃ | 600～900 ℃ |
| NBSC | 24.28×10$^{-6}$ | 16.79×10$^{-6}$ | 20.901×10$^{-6}$ | 25.55×10$^{-6}$ | 30.01×10$^{-6}$ |
| NBSC-10%GDC | 23.38×10$^{-6}$ | 16.73×10$^{-6}$ | 20.71×10$^{-6}$ | 24.53×10$^{-6}$ | 28.33×10$^{-6}$ |
| NBSC-20%GDC | 22.54×10$^{-6}$ | 16.12×10$^{-6}$ | 19.95×10$^{-6}$ | 23.75×10$^{-6}$ | 27.41×10$^{-6}$ |
| NBSC-30%GDC | 21.85×10$^{-6}$ | 15.70×10$^{-6}$ | 19.62×10$^{-6}$ | 22.95×10$^{-6}$ | 26.11×10$^{-6}$ |

## 8.7 电导率分析

图 8-7 展示了在 100～850 ℃ 范围内 NBSC-$x$GDC($x=0\sim30\%$)系列样品的电导率曲线。随着温度的升高，样品的电导率呈递减趋势，表现出典型的金属导电行为，与之前报道的双钙钛矿钴基材料的研究结果一致[35]。值得注意的是，在所有测试温度下，随着 NBSC 样品中 GDC 含量的增加，电导率普遍呈下降趋势。这是因为 GDC 属于离子导体，作为一种常用的电解质材料，GDC 需要具备极低的电子电导率，以防止电池发生短路。因此，GDC 的引入在一定程度上阻碍了电子的传导[36]。

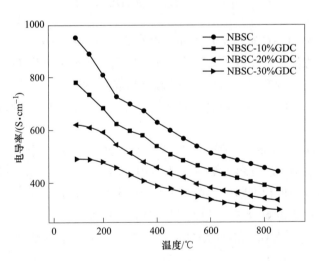

图 8-7  NBSC-$x$GDC($x=0\sim30\%$)系列样品的电导率曲线

如图 8-8 所示为 NBSC-$x$GDC($x=0\sim30\%$)系列样品电导率的 Arrhenius 拟合曲线，可以看出，随着复合材料中 GDC 含量的增加，活化能（$E_a$）逐渐增大。这表明 GDC 的引入在一定程度上增大了电子的传输阻力。值得注意的是，尽管

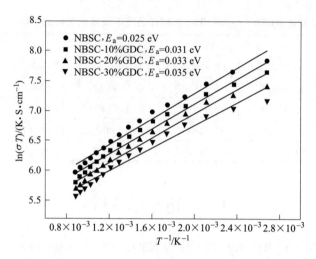

图 8-8 NBSC-$x$GDC($x$=0~30%)系列样品电导率的 Arrhenius 拟合曲线

GDC 的含量增加导致电导率降低,但在 800 ℃ 的工作温度下,NBSC、NBSC-10%GDC、NBSC-20%GDC、NBSC-30%GDC的电导率仍分别达到 456.6 S/cm、390.7 S/cm、339.9 S/cm 和 303.4 S/cm,远高于 SOFC 阴极的电导率需达到 100 S/cm 的要求。

## 8.8　电化学阻抗分析

图 8-9 为 NBSC-$x$GDC($x$=0~30%) 系列样品在 650~800 ℃ 范围内的电化学阻抗谱,为了方便比较,欧姆电阻归一化至原点。从图 8-9 中可以看出所有样品的极化电阻均随温度升高而减小,表明较高温度有助于氧化还原反应(ORR)过程;并且 NBSC-GDC 复合阴极材料的极化电阻显著低于单相 NBSC 阴极材料的极化电阻。

图 8-10 展示了 NBSC-$x$GDC($x$=0~30%) 系列样品在不同温度下的极化电阻变化。值得注意的是,在该系列复合阴极中,GDC 含量(质量分数)为 10% 的样品表现出最低的极化电阻值,在 750 ℃ 时仅为 0.029 $\Omega \cdot cm^2$,比单相 NBSC 阴极的极化电阻值低了 69.8%。然而,当 GDC 含量(质量分数)超过 10% 时,复合阴极的极化电阻随 GDC 含量增加而逐渐增大,但是仍然明显小于单相 NBSC 阴极的极化电阻。

图 8-11 展示了 NBSC-$x$GDC($x$=0~30%) 系列样品极化电阻的 Arrhenius 拟合结果。根据 Arrhenius 公式,由拟合曲线的斜率计算得到 NBSC 的活化能 $E_a$ = 1.22 eV,NBSC-10% GDC 的 $E_a$ = 0.84 eV,NBSC-20% GDC 的 $E_a$ = 0.89 eV,NBSC-30%GDC 的 $E_a$ = 0.92 eV,NBSC-10%GDC 阴极呈现出最低的活化能,仅为

8.8 电化学阻抗分析

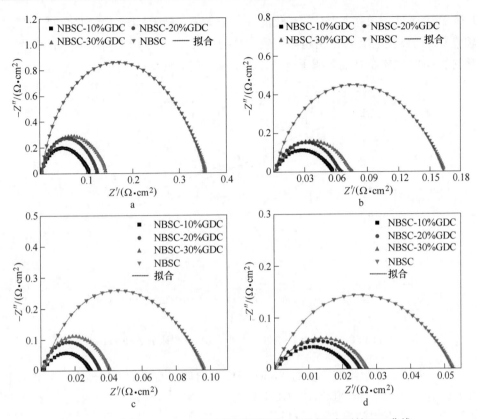

图 8-9　NBSC-$x$GDC($x=0\sim30\%$)系列样品在不同温度下的 EIS 曲线
a—650 ℃；b—700 ℃；c—750 ℃；d—800 ℃

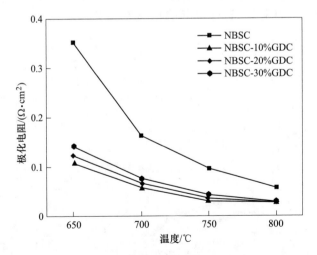

图 8-10　NBSC-$x$GDC($x=0\sim30\%$)系列样品在不同温度下的极化电阻变化

0.84 eV，远低于单相 NBSC 的活化能（1.22 eV）。随着 GDC 含量的增加，$E_a$ 逐渐增大，与极化电阻的变化趋势一致，其源于过量引入 GDC 导致在 NBSC 表面形成了 GDC 网络，从而阻碍了电子传输和氧气的表面交换。

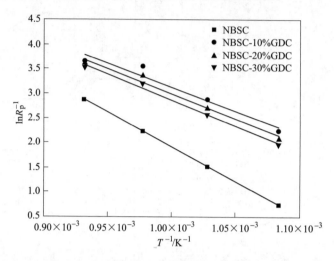

图 8-11　NBSC-$x$GDC（$x=0 \sim 30\%$）系列样品极化电阻的 Arrhenius 拟合图

为了验证原位自组装制备的 NBSC-GDC 复合阴极材料的优越性能，本书采用机械混合的方式，将 NBSC 和 GDC 复合形成 NBSC-10%GDC，并测量了其在 650~750 ℃范围内的电化学阻抗谱，如图 8-12 所示。不同温度下，采用机械混合法和一锅法制备的复合阴极材料的极化电阻值列于表 8-3，可见机械混合的 NBSC-10%GDC 复合阴极的极化电阻值远高于采用一锅法原位自组装过程制备的 NBSC-10%GDC 复合阴极。这种差异的根本原因在于通过一锅法制备的 NBSC-

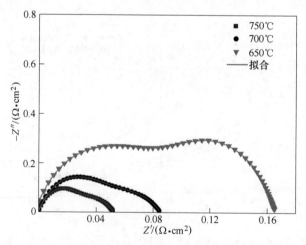

图 8-12　机械混合法制备的 NBSC-10%GDC 样品的 EIS 曲线

10%GDC 能够在单一步骤中建立稳定而均匀的两相结构,与机械混合法相比,一锅法原位自组装过程形成了更为均匀和结合紧密的异质界面[37-38],体现了一锅法在制备复合异质阴极方面的优越性。

表 8-3 采用不同方法制备的 NBSC-xGDC(x=0~30%) 复合阴极的极化电阻

| 样 品 | 采用方法 | 极化电阻/(Ω·cm²) | | | |
|---|---|---|---|---|---|
| | | 650 ℃ | 700 ℃ | 750 ℃ | 800 ℃ |
| NBSC | 一锅法 | 0.353 | 0.163 | 0.096 | 0.056 |
| NBSC-10%GDC | | 0.106 | 0.056 | 0.029 | 0.026 |
| NBSC-20%GDC | | 0.123 | 0.066 | 0.035 | 0.027 |
| NBSC-30%GDC | | 0.141 | 0.076 | 0.041 | 0.029 |
| NBSC-10%GDC | 机械混合法 | 0.165 | 0.084 | 0.050 | 0.032 |

为深入探究氧化还原反应(ORR)过程,本书采用弛豫时间分布(DRT)方法对 NBSC 和 NBSC-10%GDC 的电化学阻抗谱进行了解析,图 8-13 为其 650~750 ℃ 范围内的 DRT 拟合曲线。由图 8-13 可以看出,DRT 曲线上出现了多个峰,

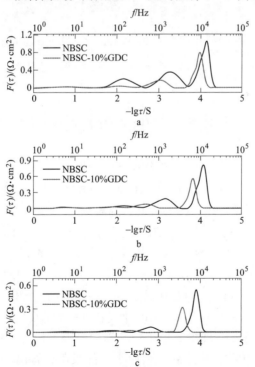

图 8-13 NBSC 和 NBSC-10%GDC 样品在不同温度下的 DRT 曲线
a—650 ℃;b—700 ℃;c—750 ℃

这些峰对应于氧化还原反应（ORR）的不同子过程。每个峰值下的积分面积被视为与相应子过程相关的极化电阻，在图 8-13 中观察到的 3 个峰表明氧化还原的过程涉及至少 3 个子过程；并且引入 10%（质量分数）GDC 后，在所有频率下 DRT 峰的强度明显低于单相的 NBSC，这表明 GDC 的添加有效地提升了氧离子在整个阴极 ORR 过程中的传输扩散和电荷转移速率。从图 8-13 中还可以清晰地看出随着温度变化，中频峰的变化更为显著，这可能归因于添加离子导体 GDC 后改善了氧的表面交换性能并提高了 $O^{2-}$ 的传输速率。另外，原位自组装过程制备的复合阴极材料，两相之间形成了大量的异质界面也有助于氧离子的传输（见图 8-14）[39]。

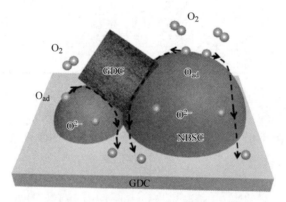

图 8-14　NBSC-10%GDC 复合阴极中 ORR 过程示意图

## 8.9　氧的依赖性分析

对 NBSC-$x$GDC（$x$=0~30%）系列样品在不同氧分压（$p_{O_2}$）下的氧依赖性进行详细研究，如图 8-15 所示为 NBSC-$x$GDC（$x$=0~30%）系列样品在 700 ℃、不同氧分压下的电化学阻抗谱，结果表明，随着氧分压的升高，所有材料的极化电阻值均呈下降趋势，表明氧含量在阴极氧化还原反应（ORR）过程中发挥着重要作用。使用 DRT 方法对 NBSC-10%GDC 复合阴极在不同 $p_{O_2}$ 下的 EIS 数据进行了深入分析（见图 8-16）。DRT 作为一种用于区分不同电极反应过程的有效工具，同时克服了在 Nyquist 图拟合过程中选择等效电路时的不确定性[40]。

在 DRT 曲线中，每个峰代表 ORR 过程中的一个子反应过程。每个峰下的积分面积对应于相应子反应的极化电阻[41]。高频电阻（RH）主要由界面处的电荷转移过程引起，而中频电阻（RI）则源于氧的吸附、解离、扩散和表面传输过程。低频电阻（RL）的存在可归因于各种质量传递过程，例如电极孔隙内的气体扩散[42]。

8.9 氧的依赖性分析

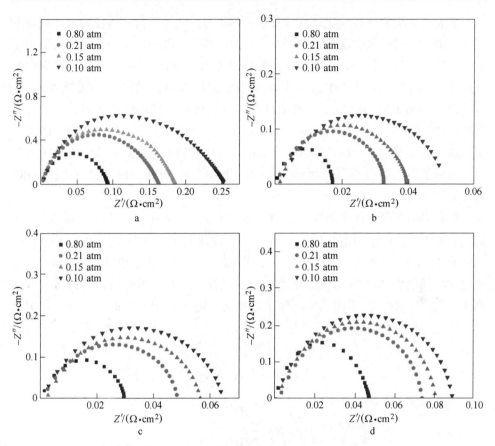

图 8-15 NBSC-$x$GDC($x$=0~30%)系列样品在 700 ℃、不同氧分压下的 EIS 曲线
a—NBSC；b—NBSC-10%GDC；c—NBSC-20%GDC；d—NBSC-30%GDC

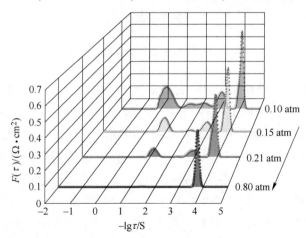

图 8-16 NBSC-10%GDC 在 700 ℃、不同氧分压下的 DRT 曲线
(1 atm=1.01325×$10^5$ Pa)

随着氧分压的升高,代表氧气吸附、解离与扩散的低频区特征峰强度逐渐下降直至消失,造成这个现象的原因,一方面是氧气浓度的提高导致更快的氧离子传输与扩散速率,另一方面则是立方结构的 GDC 可以引导氧离子在不同取向的晶粒之间传输。同时除了中低频区峰强度减小外,高频区的峰强度也有所减小,这是因为 GDC 的引入增大了三相界面的长度,增加了活性位点数量,显著提升了电荷转移速率。而在 0.21 atm(1 atm = 1.01325×$10^5$ Pa) 条件下测得的 DRT 数据曲线中可以看到 NBSC-10%GDC 样品的高频区峰值面积要远远大于中频区与低频区的峰值面积,这表明电荷转移过程是此条件下 NBSC-10%GDC 阴极的 ORR 速率决定步骤。

极化电阻与氧分压之间的关系可用 $R_p = k(p_{O_2})^{-n}$ 表示,其中 $k$ 为常数,而 $n$ 则代表 ORR 过程的不同子步骤[43]。图 8-17 详细展示了各个 $n$ 值相应的子过程,当 $n$ 取 0、0.125、0.375、0.5 和 1 时,分别对应于氧气从三相界面(TPB)传递至电解质、电极/电解质界面的电荷传递、以及在三相界面处表面氧的吸附和解离等过程[44]。这一关系揭示了氧分压对极化电阻的影响,并提供了深入理解氧化还原反应机理的方法。

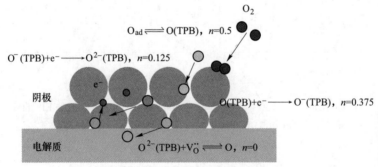

图 8-17　NBSC-10%GDC 复合阴极上的 ORR 过程　　图 8-17 彩图

图 8-18 给出了 NBSC-10%GDC 复合阴极在不同频率范围内拟合得到的 $n$ 值。中频区的 $n$ 为 0.99,接近 1,表明其与氧气吸附过程相关。低频区的 $n$ 为 0.34,接近 0.375,表明其与电荷转移过程有关。高频区的 $n$ 为 0.5,表明其与表面氧的吸附和解离过程相关。此外,总极化电阻($R_p$)的 $n$ 最接近 RH,这表明表面氧的吸附和解离决定了 NBSC-10%GDC 阴极上氧化还原反应的速率。

如图 8-19 所示,NBSC、NBSC-10%GDC、NBSC-20%GDC 和 NBSC-30%GDC 的 $n$ 分别为 0.47(约 1/2)、0.42(约 3/8)、0.37(约 3/8)和 0.27(约 1/4),表明随着 GDC 含量的增加,氧化还原反应的决速步骤逐渐从氧的吸附和解离过程转变为电荷转移过程。其原因在于通过一锅法原位自组装过程形成的 NBSC-

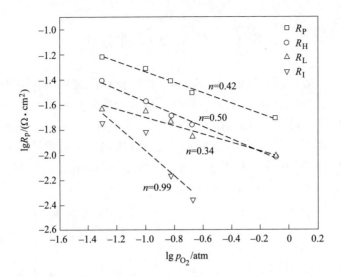

图 8-18　NBSC-10%GDC 复合阴极不同频率的极化电阻与氧分压的关系
（1 atm = 1.01325×10⁵ Pa）

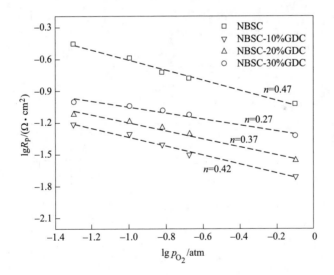

图 8-19　NBSC-$x$GDC（$x$ = 0~30%）复合阴极极化电阻与氧分压的关系
（1 atm = 1.01325×10⁵ Pa）

GDC 复合阴极相较于单相 NBSC 引入了更多活性位点，促进了阴极上的氧吸附和解离过程，并有利于氧离子的传输。值得注意的是，GDC 含量的增加阻碍了电子传输，导致限制步骤变为电荷转移过程。这也解释了先前观察到的随着复合样品中 GDC 含量升高而极化电阻逐渐增大的现象。

## 8.10 $CO_2$ 耐受性分析

含有碱土金属元素（例如 Sr、Ba 等）的钙钛矿阴极材料在固体氧化物燃料电池（SOFC）实际工作过程中容易与 $CO_2$ 反应，在阴极表面生成碳酸盐，阻碍阴极表面氧气交换过程，从而对阴极电化学性能产生负面影响。阴极材料必须具备卓越的 $CO_2$ 耐受性[45]。图 8-20 展示了在 700 ℃时，通过机械混合法和一锅法制备的 NBSC-10%GDC 阴极材料在不同 $CO_2$ 浓度下的电化学阻抗测试结果。

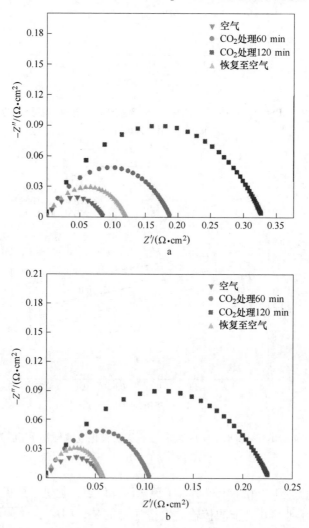

图 8-20 两种方法制备的 NBSC-10%GDC 在 700 ℃、不同气氛下的 EIS 曲线
a—机械混合法；b—一锅法

由图 8-20 可以看出，随着 $CO_2$ 处理时间由 60 min 增加至 120 min，两种方法制备的 NBSC-10%GDC 的极化电阻均显著增加。图 8-21 展示了机械混合法和一锅法制备的 NBSC-10%GDC 样品在不同 $CO_2$ 条件下极化电阻随时间的变化情况。随着 $CO_2$ 浓度的增加，两种方法制备的 NBSC-10%GDC 复合阴极的极化电阻均逐渐增加。然而，与机械混合法制备的样品相比，一锅法制备的 NBSC-10%GDC 阴极的极化电阻增加幅度相对较小。

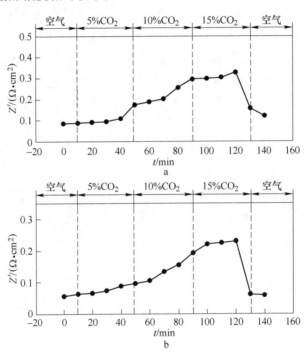

图 8-21　两种方法制备的 NBSC-10%GDC 在不同 $CO_2$
浓度下极化电阻随时间变化曲线
a—机械混合法；b—一锅法

如图 8-21 所示，在空气中，初始时，NBSC-10%GDC（一锅法）和 NBSC-10%GDC（机械混合法）的极化电阻分别为 $0.056\ \Omega\cdot cm^2$ 和 $0.084\ \Omega\cdot cm^2$。随后，随着 $CO_2$ 浓度（体积分数）逐渐增加至 15%，NBSC-10%GDC（一锅法）和 NBSC-10%GDC（机械混合）的极化电阻也分别增大至 $0.23\ \Omega\cdot cm^2$ 和 $0.33\ \Omega\cdot cm^2$。然而，当返回到正常空气条件时，通过机械混合法制备的 NBSC-10%GDC 的极化电阻并未完全恢复到初始值，其最终极化电阻为 $0.12\ \Omega\cdot cm^2$，明显高于初始值 $0.084\ \Omega\cdot cm^2$。相反，通过一锅法制备的 NBSC-10%GDC 的极化电阻在返回空气条件时几乎恢复到初始值。以上结果表明，采用一锅法制备的 NBSC-

10%GDC 具有优异的 $CO_2$ 耐受性,并在暴露于 $CO_2$ 后表现出良好的性能可恢复性。

## 8.11 全电池性能

图 8-22 为基于 NBSC-$x$GDC($x$ = 0~30%)的全电池在 600~750 ℃范围内的电流密度-电压-功率密度曲线,可以看出,所有电池的开路电压均在 1 V 左右,表明电池的密封性良好。图 8-23 为基于 NBSC-$x$GDC($x$ = 0~30%)的全电池的最大功率密度对比图,可以看出在各测试温度点,NBSC-10%GDC 均具有最大的功率密度。当 GDC 的含量(质量分数)大于 10% 后,最大功率密度随着 GDC 含量的增加逐渐降低,但是仍然高于单相 NBSC 的最大功率密度。

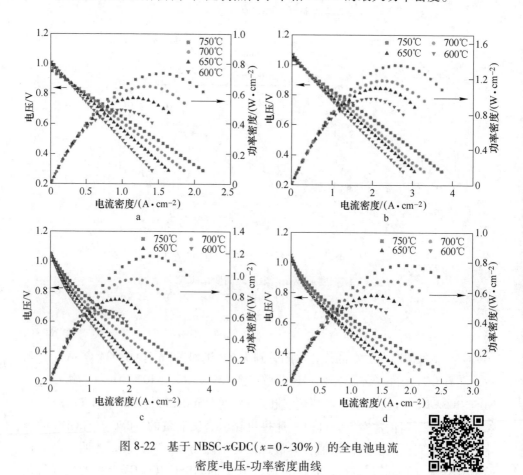

图 8-22 基于 NBSC-$x$GDC($x$ = 0~30%)的全电池电流密度-电压-功率密度曲线

a—NBSC;b—NBSC-10%GDC;c—NBSC-20%GDC;d—NBSC-30%GDC 图 8-22 彩图

## 8.11 全电池性能

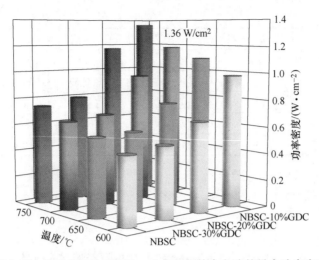

图 8-23 基于 NBSC-$x$GDC($x$=0~30%)的全电池的最大功率密度

表 8-4 列出了在 600~750 ℃范围内基于 NBSC-$x$GDC($x$=0~30%) 的全电池的最大功率密度 (MPD)。基于 NBSC-10%GDC (一锅法) 阴极的单电池在 600 ℃、650 ℃、700 ℃和 750 ℃时的 MPD 分别为 0.98 W/cm$^2$、1.12 W/cm$^2$、1.18 W/cm$^2$ 和 1.36 W/cm$^2$，与基于单相 NBSC 阴极的单电池相比分别高出了 50%、49%、45%和 46%。NBSC-10%GDC (一锅法) 阴极的性能优于文献中报道的一些其他阴极（见表 8-5）。图 8-24 为基于 NBSC-10%GDC (一锅法) 阴极的全电池在 700 ℃、电流密度 300 mA/cm$^2$ 下的稳定性测试结果，电池运行 35 h，没有明显的性能衰减，稳定性良好。

表 8-4 基于 NBSC-$x$GDC($x$=0~30%)的全电池的最大功率密度

| 样品 | 最大功率密度/(W·cm$^{-2}$) | | | |
|---|---|---|---|---|
| | 600 ℃ | 650 ℃ | 700 ℃ | 750 ℃ |
| NBSC | 0.49 | 0.57 | 0.65 | 0.74 |
| NBSC-10%GDC | 0.98 | 1.12 | 1.18 | 1.36 |
| NBSC-20%GDC | 0.66 | 0.77 | 0.96 | 1.17 |
| NBSC-30%GDC | 0.52 | 0.58 | 0.68 | 0.79 |

表 8-5 基于不同阴极的全电池的最大功率密度

| 组成材料 | | | 最大功率密度/(W·cm$^{-2}$) | | 参考文献 |
|---|---|---|---|---|---|
| 阳极 | 电解质 | 阴极 | 700 ℃ | 750 ℃ | |
| NiO-GDC | GDC | NdBa$_{0.5}$Sr$_{0.5}$Co$_2$O$_5$-10%GDC | 1.18 | 1.36 | 本书 |
| NiO-SDC | SDC | Sm$_{0.5}$Sr$_{0.5}$Co$_{0.93}$Bi$_{0.07}$O$_{3-\delta}$ | 0.93 | 1.16 | [46] |

续表 8-5

| 组成材料 | | | 最大功率密度/(W·cm$^{-2}$) | | 参考文献 |
|---|---|---|---|---|---|
| 阳极 | 电解质 | 阴极 | 700 ℃ | 750 ℃ | |
| NiO-YSZ | YSZ | La$_{0.6}$Ca$_{0.4}$Fe$_{0.8}$Ni$_{0.2}$O$_{3-\delta}$-GDC | 0.59 | 0.91 | [47] |
| Ni-YSZ | ScCeSZ | Co$_3$O$_4$-GDC | 0.68 | 1.01 | [48] |
| NiO-YSZ | YSZ | La$_{0.6}$Sr$_{0.4}$Co$_{0.4}$Fe$_{0.54}$Ta$_{0.06}$O$_3$ | 0.77 | 1.1 | [49] |
| NiO-YSZ | YSZ | (Ba$_{0.5}$Sr$_{0.5}$)$_{0.9}$Ce$_{0.1}$Co$_{0.8}$Fe$_{0.2}$O$_{3-\delta}$ | 0.43 | 0.63 | [50] |

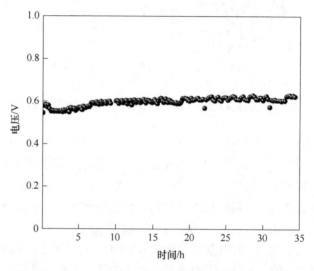

图 8-24 基于 NBSC-10%GDC 的全电池稳定性测试结果

图 8-25 为 NBSC 和 NBSC-$x$GDC($x=0\sim30\%$) 中氧离子传导机制示意图。众所周知，NBSC 属于典型的层状有序双钙钛矿氧化物，氧离子在其内部传输主要

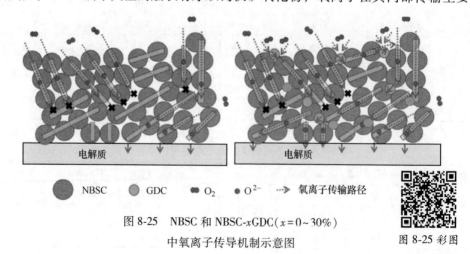

图 8-25 NBSC 和 NBSC-$x$GDC($x=0\sim30\%$) 中氧离子传导机制示意图

图 8-25 彩图

沿着[$NdO_δ$]层进行，表现出各向异性的氧离子传导性。而 GDC 是一种具有高氧离子导电性的电解质材料。因此，引入 GDC 可以促进氧离子在不同晶粒取向的 NBSC 颗粒之间传输，有效地改变 NBSC 的各向异性传导特性，并形成一个三维传输通道。此外，在 NBSC 和 GDC 颗粒之间原位形成的紧密结合的异质界面延长了三相界面的长度。同时，这些异质界面通常存在大量缺陷，可以有效促进氧离子在不同晶粒之间的快速传输，从而提高 ORR 过程的动力学性能[51]。以上结果说明一锅法相对于机械混合法等传统方法极具优势，通过一锅法原位自组装过程制备的 NBSC-10%GDC 作为 IT-SOFC 阴极材料具有巨大的潜力。

## 8.12 本章小结

本章采用一锅法成功合成了原位自组装的 $NdBa_{0.5}Sr_{0.5}Co_2O_{5+δ}$-$xGd_{0.1}Ce_{0.9}O_{2-δ}$（NBSC-$x$GDC，$x$=0~30%）系列材料，并从结构、热稳定性、电学和电化学性能等方面评价了 NBSC-10%GDC 作为 IT-SOFC 阴极材料的潜力。

(1) XRD 与 Rietveld 精修结果表明 NBSC 与 GDC 复合后仍分别保持稳定的 $P4/mmm$ 四方结构与 $Fm\bar{3}m$ 立方结构，两者具有良好的化学兼容性。

(2) 通过对材料进行热膨胀系数测试得知，NBSC-$x$GDC($x$=0~30%) 系列样品随着 GDC 含量的增加，平均线膨胀系数降低，NBSC-10%GDC 样品的平均线膨胀系数为 $23.38×10^{-6}$ $K^{-1}$，证明 GDC 的引入有效地改善了钴基钙钛矿材料的热膨胀系数。

(3) 材料的电导率随着 GDC 的引入而降低，但在 800 ℃ 的工作温度下，NBSC-10%GDC 样品的电导率仍有 303.4 S/cm，满足作为 SOFC 阴极的最低电导率要求。

(4) NBSC-10%GDC 样品拥有优异的电化学性能与最低的活化能，GDC 的引入显著提高了阴极材料 ORR 动力学性能。在 750 ℃ 下，NBSC-10%GDC 的极化电阻仅为 0.029 $Ω·cm^2$，与 NBSC 相比，降低了 69.8%。NBSC-10%GDC 的活化能仅为 0.84 eV，比 NBSC 降低了 31%。同时根据其单电池输出性能测试结果可知 NBSC-10%GDC 在 750 ℃ 时拥有最大的功率密度，为 1.36 $W/cm^2$，比 NBSC 提升了 46%。

综上所述，NBSC-10%GDC 是一种非常有前途的中温固体氧化物燃料电池阴极材料，通过一锅法原位自组装过程引入 GDC，有效降低了钴基双钙钛矿阴极材料的热膨胀系数，并大幅提升了其电化学性能与输出性能。

### 参 考 文 献

[1] MATTHÄUS S, ANDREAS N, GEORGE E W, et al. Electronic and ionic effects of sulphur and

other acidic adsorbates on the surface of an SOFC cathode material [J]. Journal of Materials Chemistry A, 2023, 11: 7213-7226.

[2] ZHANG H X, WANG P F, YAO C G, et al. Recent advances of ferro-/piezoelectric polarization effect for dendrite-free metal anodes [J]. Rare Metals, 2023, 42: 2516-2544.

[3] HAN X, LING Y H, YANG Y, et al. Utilizing high entropy effects for developing chromium-tolerance cobalt-free cathode for solid oxide fuel cells [J]. Advanced Functional Materials, 2023, 33 (43): 2304728.

[4] ZHANG X B, JIN Y M, LI D, et al. Effects of $Gd_{0.8}Ce_{0.2}O_{1.9-\delta}$ coating with different thickness on electrochemical performance and long-term stability of $La_{0.8}Sr_{0.2}Co_{0.2}Fe_{0.8}O_{3-\delta}$ cathode in SOFCs [J]. International Journal of Hydrogen Energy, 2021, 47 (6): 4100-4108.

[5] CHEN Y, DING D, CHOI Y M, et al. A robust and active hybrid catalyst for facile oxygen reduction in solid oxide fuel cells [J]. Energy Environmental Science, 2017, 10 (4): 964-971.

[6] CARNEIRO J S A, BROCCA R A, LUCENA M L R S, et al. Optimizing cathode materials for intermediate-temperature solid oxide fuel cells (SOFCs): Oxygen reduction on nanostructured lanthanum nickelate oxides [J]. Applied Catalysis B: Environmental, 2016, 200: 106-113.

[7] KIM C H, PARK H, JANG I, et al. Morphologically well-defined $Gd_{0.1}Ce_{0.9}O_{1.95}$ embedded $Ba_{0.5}Sr_{0.5}Co_{0.8}Fe_{0.2}O_{3-\delta}$ nanofiber with an enhanced triple phase boundary as cathode for low-temperature solid oxide fuel cells [J]. Journal of Power Sources, 2018, 28: 404-411.

[8] ZHANG Y X, YAN F Y, YAN M F, et al. High-throughput super-resolution 3D reconstruction of nano-structured solid oxide fuel cell electrodes and quantification of microstructure-property relationships [J]. Journal of Power Sources, 2019, 427: 112-119.

[9] CHEN S G, ZHANG H X, YAO C G, et al. Review of SOFC cathode performance enhancement by surface modifications recent advances and future directions [J]. Energy & Fuels, 2023, 37 (5): 3470-3487.

[10] TUCKER M C, LAU G Y, JACOBSON C P, et al. Performance of metal-supported SOFCs with infiltrated electrodes [J]. Journal of Power Sources, 2007, 171 (2): 477-482.

[11] ZHANG H X, YANG J X, WANG P F, et al. Novel cobalt-free perovskite $PrBaFe_{1.9}Mo_{0.1}O_{5+\delta}$ as a cathode material for solid oxide fuel cells [J]. Solid State Ionics, 2023, 391: 116144.

[12] YAO C G, YANG J X, ZHANG H X, et al. Ca-doped $PrBa_{1-x}Ca_xCoCuO_{5+\delta}$ ($x=0-0.2$) as cathode materials for solid oxide fuel cells [J]. Ceramics International, 2021, 48 (6): 7652-7662.

[13] CHEN S G, ZHANG H X, YAO C G, et al. Tailored double perovskite with boosted oxygen reduction kinetics and $CO_2$ durability for solid oxide fuel cells [J]. ACS Sustainable Chemistry & Engineering, 2023, 11 (35): 13198-13208.

[14] JUN A, KIM J, SHIN J, et al. Perovskite as a cathode material: A review of its role in solid-oxide fuel cell technology [J]. ChemElectroChem, 2016, 3 (4): 511-530.

[15] CHEN Y, DING D, DING Y, et al. A robust and active hybrid catalyst for facile oxygen reduction in solid oxide fuel cells [J]. Energy & Environmental Science, 2017, 10: 964-971.

[16] LIU Q L, KHOR K A, CHAN S H, et al. High-performance low-temperature solid oxide fuel cell with novel BSCF cathode [J]. Journal of Power Sources, 2006, 161 (1): 123-128.

[17] ANTIPINSKAYA E A, POLITOV B V, OSINKIN D A, et al. Electrochemical performance and superior $CO_2$ endurance of $PrBaCo_2O_{6-\delta}$-$PrBaCoTaO_6$ composite cathode for IT-SOFCs [J]. Electrochimica Acta, 2020, 365: 137372.

[18] LE S R, LI C F, SON X Q, et al. A novel Nb and Cu co-doped $SrCoO_{3-\delta}$ cathode for intermediate temperature solid oxide fuel cells [J]. International Journal of Hydrogen Energy, 2020, 45 (18): 10862-10870.

[19] DONG F F, CHEN Y B, RAN R, et al. $BaNb_{0.05}Fe_{0.95}O_{3-\delta}$ as a new oxygen reduction electrocatalyst for intermediate temperature solid oxide fuel cells [J]. Journal of Materials Chemistry A, 2013, 1 (34): 9781-9791.

[20] HUANG X B, FENG J, HASSAN R S, et al. Electrochemical evaluation of double perovskite $PrBaCo_{2-x}Mn_xO_{5+\delta}$ ($x = 0, 0.5, 1$) as promising cathodes for IT-SOFCs [J]. International Journal of Hydrogen Energy, 2018, 43 (18): 8962-8971.

[21] WEI B, JIA D C, HUANG X Q, et al. Thermal expansion and electrochemical properties of Ni-doped $GdBaCo_2O_{5+\delta}$ double-perovskite type oxides [J]. International Journal of Hydrogen Energy, 2010, 35 (8): 3775-3782.

[22] KIM Y T, JIAO Z, SHIKAZONO N, et al. Evaluation of $La_{0.6}Sr_{0.4}Co_{0.2}Fe_{0.8}O_3$-$Gd_{0.1}Ce_{0.9}O_{1.95}$ composite cathode with three dimensional microstructure reconstruction [J]. Journal of Power Sources, 2017, 342: 787-795.

[23] ZHU C J, LIU X M, YI C S, et al. High-performance $PrBaCo_2O_{5+\delta}$-$Ce_{0.8}Sm_{0.2}O_{1.9}$ composite cathodes for intermediate temperature solid oxide fuel cell [J]. Journal of Power Sources, 2009, 195 (11): 3504-3507.

[24] ZHOU Q J, WANG F, SHEN Y, et al. Performances of $LnBaCo_2O_{5+x}$-$Ce_{0.8}Sm_{0.2}O_{1.9}$ composite cathodes for intermediate-temperature solid oxide fuel cells [J]. Journal of Power Sources, 2009, 195 (8): 2174-2181.

[25] TAN Y X, WANG R, HU X H, et al. Comparison of the oxygen reduction mechanisms in a GBCO-SDC-impregnated cathode and a GBCO cathode [J]. Journal of Applied Electrochemistry, 2019, 49: 1035-1041.

[26] XI X G, CHEN X H, HOU G H, et al. Fabrication and evaluation of $Sm_{0.5}Sr_{0.5}CoO_{3-\delta}$ impregnated $PrBaCo_2O_{5-\delta}$ composite cathode for proton conducting SOFCs [J]. Ceramics International, 2014, 40 (8): 13753-13756.

[27] ZHANG W, WANG H, GUAN K, et al. $La_{0.6}Sr_{0.4}Co_{0.2}Fe_{0.8}O_3/CeO_2$ hetero structured composite nanofibers as a highly active and robust cathode catalyst for solid oxide fuel cells [J]. ACS Applied Materials & Interfaces, 2019, 11 (30): 26830-26841.

[28] ZHANG Y, SHEN L, WANG Y, et al. Enhanced oxygen reduction kinetics of IT-SOFC cathode with $PrBaCo_2O_{5+\delta}/Gd_{0.1}Ce_{0.9}O_{2-\delta}$ coherent interface [J]. Journal of Materials Chemistry A, 2022, 10: 3495-3505.

[29] MUHAMMAD Y, MUHAMMAD A, HU E Y, et al. Tuning ORR electrocatalytic

functionalities in CGFO-GDC composite cathode for low-temperature solid oxide fuel cells [J]. Ceramics International, 2022, 49 (4): 6030-6038.

[30] AKBAR M, QU G, YANG W, et al. Fast ionic conduction and rectification effect of $NaCo_{0.5}Fe_{0.5}O_2$-$CeO_2$ nanoscale heterostructure for LT-SOFC electrolyte application [J]. Journal of Alloys and Compdounds, 2022, 942: 166565.

[31] ZHAO S J, LI N, SUN L P, et al. One-pot synthesis $Pr_6O_{11}$ decorated $Pr_2CuO_4$ composite cathode for solid oxide fuel cells [J]. International Journal of Hydrogen Energy, 2021, 47 (9): 6227-6236.

[32] DU Z, LI K, ZHAO H, et al. A $SmBaCo_2O_{5+\delta}$ double perovskite with epitaxially grown $Sm_{0.2}Ce_{0.8}O_{2-\delta}$ nanoparticles as the promising cathode for solid oxide fuel cells [J]. Journal of Materials Chemistry A, 2020, 8 (28): 14162-14170.

[33] WANG H, LEI Z, SANG J Z, et al. One-pot molten salt synthesis of $Ce_{0.9}Gd_{0.1}O_{2-\delta}$@ $PrBa_{0.5}Sr_{0.5}Co_2O_{5+\delta}$ as the oxygen electrode for reversible solid oxide cells [J]. Materials Research Bulletin, 2022, 160: 112115.

[34] HUANG X, ZHANG F, ZHE L, et al. Preparation and characteristics of $Pr_{1.6}Sr_{0.4}NiO_4$+YSZ as composite cathode of solid oxide fuel cells [J]. Journal of Physics and Chemistry of Solids, 2009, 70 (3/4): 665-668.

[35] CHEN S G, ZHANG H X, YAO C G, et al. Tailored double perovskite with boosted oxygen reduction kinetics and $CO_2$ durability for solid oxide fuel cells [J]. ACS Sustainable Chemistry Engineering, 2023, 11 (35): 13198-13208.

[36] HAYD J, DIETERLE L, GUNTOW U, et al. Nanoscaled $La_{0.6}Sr_{0.4}CoO_{3-\delta}$ as intermediate temperature solid oxide fuel cell cathode: Microstructure and electrochemical performance [J]. Journal of Power Sources, 2010, 196 (17): 7263-7270.

[37] ZHENG Y, LI Y, WU T, et al. Oxygen reduction kinetic enhancements of intermediate-temperature SOFC cathodes with novel $Nd_{0.5}Sr_{0.5}CoO_{3-\delta}$/$Nd_{0.8}Sr_{1.2}CoO_{4\pm\delta}$ heterointerfaces [J]. Nano Energy, 2018, 51: 711-720.

[38] YUE Z, JIANG L, AI N, et al. Facile co-synthesis and utilization of ultrafine and highly active $PrBa_{0.8}Ca_{0.2}Co_2O_{5+\delta}$-$Gd_{0.2}Ce_{0.8}O_{1.9}$ composite cathodes for solid oxide fuel cells [J]. Electrochimica Acta, 2021, 403: 139673.

[39] LU F, XIA T, LI Q, et al. Heterostructured simple perovskite nanorod-decorated double perovskite cathode for solid oxide fuel cells: Highly catalytic activity stability and $CO_2$-durability for oxygen reduction reaction [J]. Applied Catalysis B: Environmental, 2019, 249: 19-31.

[40] CHEN Y, CHOI Y, YOO S, et al. A highly efficient multi-phase catalyst dramatically enhances the rate of oxygen reduction [J]. Joule, 2018, 2: 938-949.

[41] JENSEN S H, HAUCH A, HENDRIKSEN P V, et al. A method to separate process contributions in impedance spectra by variation of test conditions [J]. Journal of the Electrochemical Society, 2007, 154 (12): B1325-B1330.

[42] WEI F, WANG L Y, LUO L H, et al. One-pot impregnation to construct nanoparticles loaded scaffold cathode with enhanced oxygen reduction performance for LT-SOFCs [J]. Journal of

Alloys and Compdounds, 2023, 941: 168981.

[43] GAO Z, LIU X, BERGMAN B, et al. Investigation of oxygen reduction reaction kinetics on $Sm_{0.5}Sr_{0.5}CoO_{3-\delta}$ cathode supported on $Ce_{0.85}Sm_{0.075}Nd_{0.075}O_{2-\delta}$ electrolyte [J]. Journal of Power Sources, 2011, 196 (22): 9195-9203.

[44] VIBHU V, VINKE I C, EICHEL R A, et al. Cobalt substituted $Pr_2Ni_{1-x}CoO_{4+\delta}$ ($x = 0$, 0.1, 0.2) oxygen electrodes: Impact on electrochemical performance and durability of solid oxide electrolysis cells [J]. Journal of Power Sources, 2020, 482: 228909.

[45] CHOI S, KUCHARCZYK C J, LIANG Y, et al. Exceptional power density and stability at intermediate temperatures in protonic ceramic fuel cells [J]. Nature Energy, 2018, 3: 202-210.

[46] FU X M, MENG X W, LÜ S Q, et al. Boosting the electrochemical performance of Bi-doped $Sm_{0.5}Sr_{0.5}Co_{1-x}Bi_xO_{3-\delta}$ perovskite nanofiber cathodes for solid oxide fuel cells [J]. Electrochimica Acta, 2023, 461: 142620.

[47] WANG Z L, YANG C C, PU J, et al. In-situ self-assembly nano-fibrous perovskite cathode excluding Sr and Co with superior performance for intermediate-temperature solid oxide fuel cells [J]. Journal of Alloys and Compounds, 2023, 947: 169470.

[48] REHMAN S U, HASSAN M H, BATOOL S Y, et al. A highly stable $Co_3O_4$-GDC nanocomposite cathode for intermediate temperature solid oxide fuel cells [J]. International Journal of Hydrogen Energy, 2024, 51: 1242-1254.

[49] XIONG D Y, RASAKI S A, LI Y P, et al. Enhanced cathodic activity by tantalum inclusion at B-site of $La_{0.6}Sr_{0.4}Co_{0.4}Fe_{0.6}O_3$ based on structural property tailored via camphor-assisted solid-state reaction [J]. Journal of Advanced Ceramics, 2022, 11: 1330-1342.

[50] YANG Q, WU H D, SONG K, et al. Tuning $Ba_{0.5}Sr_{0.5}Co_{0.8}Fe_{0.2}O_{3-\delta}$ cathode to high stability and activity via Ce-doping for ceramic fuel cells [J]. Ceramics International, 2022, 48 (21): 31418-31427.

[51] ZARE A, SALARI H, ALIREZA B, et al. Electrochemical evaluation of $Sr_2Fe_{1.5}Mo_{0.5}O_{6-\delta}$/$Ce_{0.9}Gd_{0.1}O_{1.95}$ cathode of SOFCs by EIS and DRT analysis [J]. Journal of Electroanalytical Chemistry, 2023, 1: 117376.